bio angel industrial technology

바이오디젤 산업 기술

이석기 저

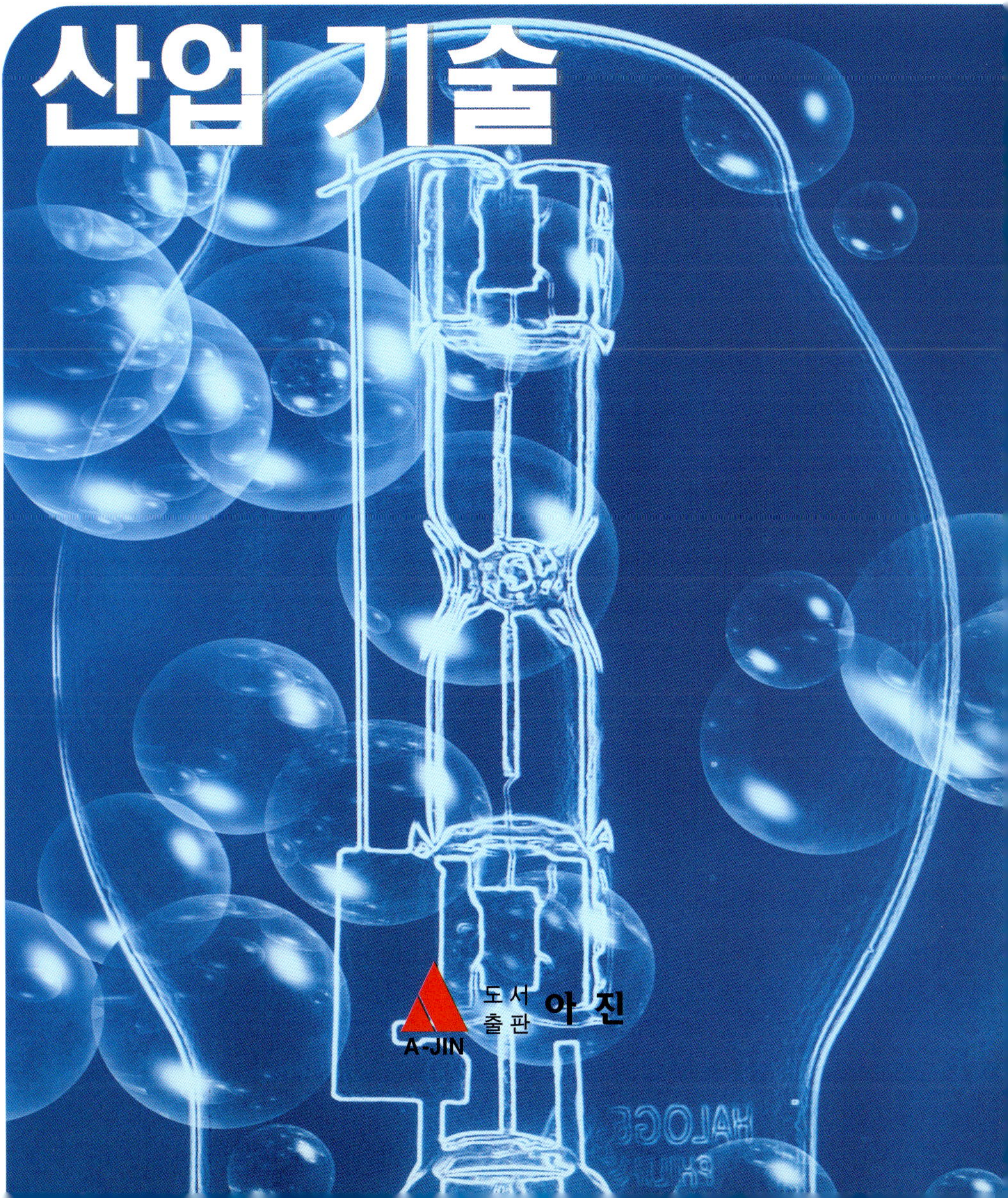

A-JIN 도서출판 아진

"나의 가는 길은 오직 그가 아시나니 그가 나를 단련하신 후에는 내가 정금같이 나오리라 (욥23 : 10)"

머리말

새로운 패러다임은 우리의 생활을 바꾸어가고 있다. 그동안 우리는 연료에 대해서는 고전적인 화목 그리고 고체연료인 석탄을 사용해왔다. 근래에는 액체연료인 석유로 최근에는 기체연료인 천연가스와 액화석유가스를 사용해왔다. 하지만 그간 사용하던 화석연료는 점차 고갈되어가고 있다. 또한 지구온난화란 위기도 가지고 왔다. 따라서 지구온난화로 전 세계 기온이 지난 100년간 0.74℃ 상승하고 해수면은 1961~2003년 동안 매년 1.8mm씩 상승해왔다. 우리나라는 세계 10위의 CO_2 배출국가로 오는 2013년부터 온실가스 감축 의무를 이행하게 될 것으로 전망되며 교토의정서대로 온실가스 배출량을 1990년을 기준으로 10% 줄일 경우 2020년에는 최대 29조원의 비용이 발생할 것으로 예상된다. 화석연료의 사용을 줄여나가는 지금 선진국에서는 바이오디젤 기술과 보급이 본격적으로 진행되고 이 분야에서 기술종속이 예견되는 시점에서 볼 때 산업적으로도 더 이상 늦출 수 없는 사안이다. 바이오디젤의 첨단 공정의 개발을 촉진함으로써 국내 자력보급 여건을 마련하고, 수출 상품화를 이룩하고 나아가 아시아 바이오디젤 시장을 선점할 수 있는 기회를 마련해야 한다. WTO 체제와 한미 FTA상에서 가장 큰 타격을 받고 있는 농업분야는 농산물의 국제 경쟁력이 대부분의 작물의 경우 4~10배 정도 낮아 좁은 국토가 점진적으로 유휴지가 늘어가고 이모작이 가능한 지역에서도 경제성이 낮아 토지의 활용도가 급속도로 떨어지고 있다. 특히 제한된 시장에서 대체작물의 증산정책은 관련 농산물의 가격의 폭락을 가져와 그 균형을 이루기가 매우 어렵다. 이미 EU에서 실행하고 있는 바이오디젤을 생산하기 위한 유지작물의 재배는 바이오디젤 생산 확대 정책으로 인하여 가장 큰 유휴지 이용 대안으로 고려되고 있다. 국내의 바이오디젤 산업이 정착되면 늘어나는 유휴지에 대체작물 재배로 인한 농작물의 가격폭락을 막을 수 있는 방법으로써 바이오디젤의 대량수요가 발생하는 유지식물을 경작하여 국제가격으로 수매함으로써 농민과 산업체의 공동이익을 추구할 수 있으며 유채와 같은 겨울 재배 식물은 현재 겨울재배를 하지 않는 중부 이남의 농지에 이모작으로 다량 재배함으로써 수십만 톤의 바이오디젤 원료 확보와 동시에 에너지원 식물의 재배에 따른 ha당 7톤 이상의 CO_2 저감을 국가적으로 달성할 수 있는 이점을 얻을 수 있다.

우리나라도 지구온난화에 따른 CO_2 저감을 위하여 여러 가지 에너지 대책을 내놓고 있다.

- ○ 신재생에너지 비중 확대 : '06년 2.3% → '11년 5% → '30년 9%
- ○ 바이오디젤의 혼합비율 확대 : '07년 0.5% → '12년 3.0%
- ○ 천연가스 등 보급 확대 : '12년까지 3,336만 톤 규모 안정적 공급

이러한 시점에서 많은 연구자들이 바이오디젤에 대해서 다양한 방법으로 연구를 하고 있다. 이에 그간 관심을 가지고 수집한 바이오디젤에 관련한 자료를 하나로 엮어보았다.

차 례

1. 서론 ▸ 1

1.1. 바이오디젤의 현황 ······7
1.1.1. 국내 바이오디젤의 산업화 현황 연구 ······11
1.1.2. 국외 바이오디젤의 산업화 현황 연구 ······16
1.2. 국내외 바이오디젤 특허 동향 ······32
1.2.1. 바이오디젤의 국내외 특허추이분석 ······32

2. 바이오디젤 산업화 기술 현황 ▸ 37

2.1. 바이오매스 가공 기술 현황 ······39
2.1.1. 국내 ······43
2.1.2. 해외 ······48
2.2. 면실유의 솝스톡(soapstock)과 지방산 메틸에스테르 합성 관련 기술 ······54
2.2.1. 제조 공정 ······54

2.2.2. 초임계 공정 56
2.3. 동식물 유지의 공비(azeotropy)증류에 의한 메틸에스테르화 기술 68
2.3.1. 제조 공정 68
2.3.2. 반응기 설계 69
2.3.3. 반응 촉매 71
2.4. 아실기 수용체의 효소법에 의한 짧은 사슬 지방산에스테르 바이오디젤화 기술 76
2.4.1. 효소 공정 77
2.4.2. 효소 고정화 78
2.4.3. 초임계 상태에서의 효소반응 80

3. 바이오디젤 산업화의 문제점 ▸ 83

3.1. 기후환경변화에 따른 자원의 문제점 85
3.2. 식물성 기름 공급난 및 해결 방안 91
3.3. 식물성 기름 생산규모 확대 난 96
3.4. 바이오매스 공급난 및 해결방안 100

4. 바이오디젤 산업화의 육성 및 전망 ▸ 105

4.1. 생태학적인 연료 바이오디젤 개발 전략과 온실가스 감소 방안 107

4.2. 바이오디젤 정책적인 대비 방안 ······ 111
4.2.1. 바이오디젤 생산·보급의 문제점 ······ 112
4.2.2. 해결 방안 ······ 113
4.2.3. 1990년대 이후 바이오디젤과 관련된 흐름 ······ 114
4.3. 바이오디젤 산업화의 육성 방안 ······ 117
4.3.1 바이오디젤 보급 확대를 위한 생산자와 소비자 유인책 118
4.3.2 바이오디젤에 관한 교육 및 홍보 ······ 119
4.3.3 바이오디젤의 농업·환경·에너지 정책의 통합적 고려 121
4.4. 바이오디젤 산업화의 향후 전망 ······ 123
4.4.1 종합적인 재순환에너지 생산기술 개발 체계 달성 ······ 123
4.4.2 아시아에서 바이오디젤 생산 산업의 주도 ······ 127

5. 참고 자료부 ▸ 129

5.1. 부 록 ······ 131
5.2. 참고자료 ······ 195

찾아보기 ▸ 199

1. 서론

1.1. 바이오디젤 산업의 현황

1.2. 국내외 바이오디젤 특허 동향

과거 포드 자동차 회장이 언급한 "미래에는 길가에 자라는 슈맥나무 열매나, 사과, 해초, 톱밥처럼 어디서나 연료를 쉽게 구할 수 있을 것이며, 발효될 수 있는 식물성 재료라면 무엇이건 연료가 될 수 있다"라는 말이 바이오디젤로 인해 현실이 되어 가고 있다.

바이오디젤(biodiesel)이란 석유가 기반인 경유의 대안으로 식물성 기름이나 동물성 지방과 같이 재생 가능한 자원을 바탕으로 제조되며, <그림 1>과 같은 화학적으로 긴 지방산 고리(C16~20)를 가진 순도가 95% 이상인 단일 알킬 에스테르 혼합물을 말한다. 원료상태의 기름을 원하는 에스테르로 전환한 후, 유리지방산을 제거하기 위해 지질 에스테르 교환 반응을 이용하는데, 이와 같은 과정을 거치고 나면 바이오디젤은 비방향족 식물성 기름과는 다른 경유와 매우 비슷한 연소 특성을 가지게 된다.

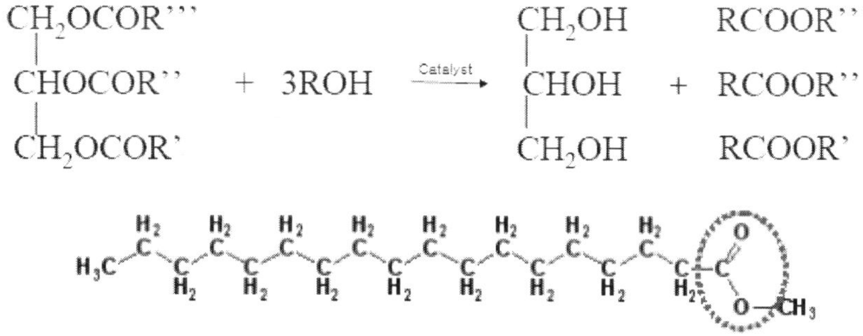

〈그림 1〉 바이오디젤의 생성반응 및 구조

150℃의 인화점을 가진 바이오디젤은 경유(64℃)에 비해 불이 잘 붙지 않고, 더구나 폭발하기 쉬운 휘발유(-45℃)보다는 안정적인 것으로 알려지고 있다. 실제로 바이오디젤은 미국 산업안전보건청(OSHA)에서 비가연성 액체로 분류하고 있으며, 이와 같은 특성 때문에 순수 바이오디젤을 연료로 쓰는 차량은 사고에 더 안전하다고 볼 수 있다.

초기 자동차 중에는 바이오디젤로 운행되는 차종이 있었지만, 이후 80여년의 기간 동안에는 화석 연료의 사용으로 인해 관심을 받지 못했었다. 그러나 지금에 와서 기후환경변화와 자원 부족현상 등으로 인한 석유, 석탄, 전력의 가격 상승과 함께 일상생활에서의 에너지 부족 문제까지 영향을 받게 되자 기후환경변화 및 대체 연료에 대비한 관심이 고조되고 있고, 특히 인구가 밀집되고 경제성장이 급속도로 진행되고 있는 동북아시아 지역에서는 큰 과제가 되고 있다. 이에 따라 기존 에너지원의 대체와 함께 기후환경변화에 대비하여 연료생산 원료로 대두유, 유채유, 야자유, 미강유, 해바라기유, 폐식용유 등의 식물성 유지 및 요식업 폐유를 원료로 하는 바이오디젤이 다시 주목받기 시작하였으며, 바이오에너지 자원을 이용한 바이오매스 에너지생산을 위한 기술 개발 및 산업화의 투자와 연구가 본격적으로 이루어지고 있는 실정이다.

<그림 2>는 한 예로서 유채를 이용한 바이오디젤의 제조공정을 나타낸 것으로 알칼리 촉매 존재 하에서 에스테르화 반응을 시키고 부산물인 글리세롤을 정제한 바이오디젤이다.

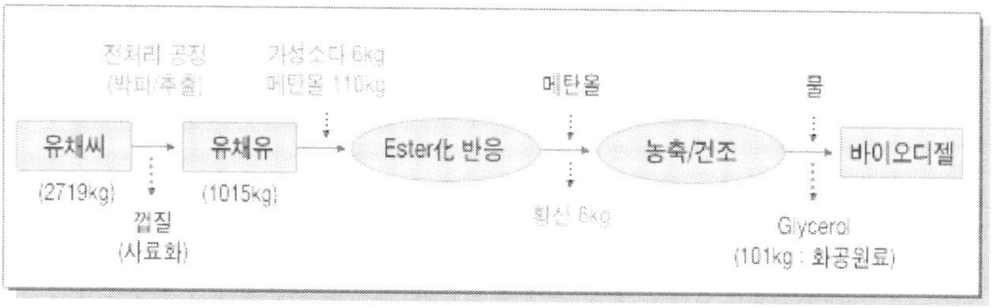

〈그림 2〉 유채를 이용한 바이오디젤의 일반적 제조공정

이렇게 제조된 바이오디젤은 일반 경유의 디젤엔진 가동시 배출되는 물질과 비교했을 때, <그림 3>에서 보는 바와 같이 100% 바이오디젤을 디젤 차량 연료로 사용할 때 온실가스의 주범인 CO_2의 배출량은 경유에 비해 78% 낮으며, 현재 디젤엔진을 지닌 차량에 직접 사용이 가능한 바이오디젤 20% 혼합 경유의 경우 경유에 비해 16% 감소하는 결과와 같이 공해물질 저감효과가 있으며, CO_2의 배출 비중도 상대적으로 낮아 친환경 에너지로 일컬어지고 있다.

이런 점은 현재 CO_2 배출에 따른 탄소세 도입이 검토되고 있는 상황에서 바이오디젤의 경유에 대한 가격경쟁력을 높이는 효과를 기대할 수 있다.

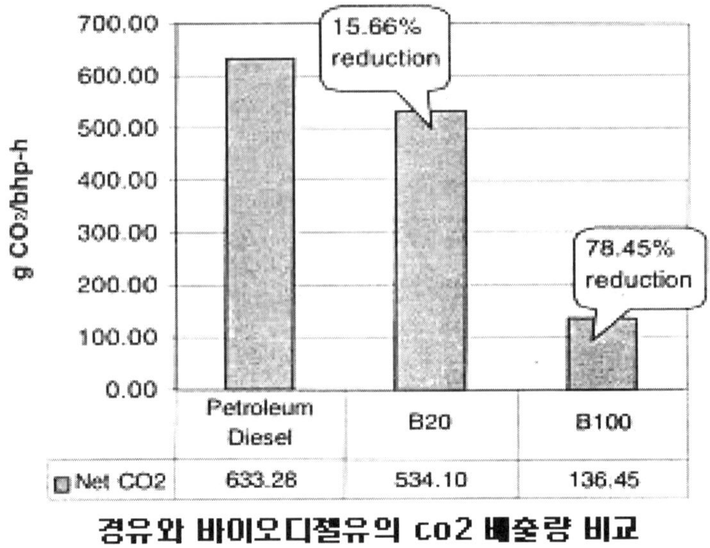

〈그림 3〉 경유와 바이오디젤의 CO_2 배출량 비교

<표 1>에서 보는 바와 같이 CO_2의 배출량 저감효과 이외에도 황산화물, 미세 분진, 발암성 방향족 화합물 등의 저감효과도 있으며, 산화질소 화합물은 2~13% 정도 상승하나 이 문제는 엔진의 점화 간격 조정 등에 의해 충분히 해결할 수 있다.

이와 같은 바이오디젤의 사용은 CO_2 배출의 주원인인 화석연료를 대체하게 됨으로써 탄소저감에 따른 신뢰를 확보할 수 있을 것으로 예상된다. 따라서 본 연구에서는 지구 기후환경변화에 따른 바이오디젤의 기술현황과 문제점 및 육성방안에 관해 알아보고자 한다.

〈표 1〉 바이오디젤의 공해물질 저감효과

구 분	100% 바이오디젤	20% 바이오디젤 +80% 일반 디젤 연료
총미연소탄화수소(THC)	93% 감소	30% 감소
황산화물(SOx)	100% 감소	20% 감소
질소산화물(NOx)	13% 증가	2% 증가
일산화탄소(CO)	50% 감소	20% 감소
분진(PM)	30% 감소	22% 감소
오존발생잠재도(OFP)	50% 감소	10% 감소
발암성 방향족 화합물(PAH)	80% 감소	13% 감소
질화 발암성 방향족 화합물(nPAH)	90% 감소	50% 감소

주) 자료 : 미국 국립바이오디젤협회(USA, 2000)
주) 일반 경유의 디젤엔진 가동시 발생되는 배출물을 100%로 함.

1.1 바이오디젤의 현황

바이오디젤은 연료 특성상 경유와 유사한 특성을 지니고 있어 연료로 사용할 경우 예상되는 대부분의 기술적 문제는 이미 1980년대에 대부분 해결되었기 때문에 바이오에탄올과 함께 가장 널리 사용되는 바이오연료(bio-fuel)이다. 또한, 재생이 가능하고 현재의 엔진 기름을 대체할 수 있으며, 기존의 시설을 통해 운반, 판매가 가능하기 때문에 가장 중요한 교통 에너지 자원인 화석 연료의 유력한 대안으로 꼽히기도 한다.

현재 세계의 바이오디젤 기술개발 흐름은 생산가격을 낮추는 방향으로 집중되고 있으며 각국은 이를 위해 다양한 시도를 하고 있다. 국내에서는 연속식 바이오디젤 생산 공정의 도입에 따라 대량생산이 가능해졌으나, 바이오디젤 생산기술이 각국에서의 전략 에너지 산업으로 육성되고 있어, 매우 빠르게 진보하고 있으며, 머지않아 이와 관련된 핵심기술의 해외 종속이 예상되고 있다.

<표 2>는 바이오디젤과 일반 경유의 물성에 대해 내연기관 이용시의 특성을 비교한 것으로써 바이오디젤의 동결점이 일반 경유보다 높아 추운 기후에서 순수한 형태로 사용하는데 제약이 있고, 5℃ 이하에서는 유동성이 떨어져 연료 공급이 원활하지 못하게 되는 단점이 있다. 실제로 바이오디젤 녹색연합에 신고 된 내용에 따르면 영하 10℃에서 시동이 걸리지 않는 등의 문제가 발생했는데, 이는 국내 바이오디젤 원료가 −10℃가 어는점인 대두유를 기반으로 하고 있기 때문인 것으로 −20℃가 어는점인 유채유 이용의 필요성을 시사하며, 이와 더불어 부동 첨가제의 개발이 시급한 실정이다. 또한, 대두유는 유채유에 비해 점성이 높고 불포화 지방산이 많이 포함되어 있어 디젤엔진의 노즐이 막힐 가능성이 높기 때문에 노즐 막힘 현상을 방지하기 위한 화학약품 처리에 관한 연구도 요구된다.

〈표 2〉 바이오디젤과 일반 경유의 연료특성 비교

구분	바이오디젤		일반경유
	대두유 원료	유채유 원료	
세탄가	52.0	54.5	47.8
발화점(℃)	171.0	80.0	83.9
동결점(℃)	1.1	−2.2	−12.2
저온시동점(℃)	−1.1	−9.4	−28.9
비중(kg/l)	0.87	0.85	−
황함량(wt%)	0.04	<0.005	0.29
점도(cs)			
−40℃	4.1	6.0	3.2
−100℃	−	2.4	1.26
발열량(KJ/Kg)	38,460	35,376	38,537

이러한 문제점과 더불어 바이오디젤을 자동차 연료로 사용할 경우에는 순수 초저유황 연료의 낮은 윤활성이 문제가 되는데 이를 향상시키기 위해 100%의 바이오디젤(BD100)을 사용하기 보다는 경유에 바이오디젤을 5~30%를 섞어 사용하며, 일반적으로는 바이오디젤과 경유의 비율을 2대8 정도로 혼합하여 사용한다.

바이오디젤의 생산과 사용은 특히 유럽과 미국, 아시아 등

지구촌 전체에 걸쳐 급격히 증가하고 있지만, 전체 연료 시장에서 차지하는 비율은 아직 미미하다고 볼 수 있다. 그러나 영국 경제잡지 이코노미스트에 따르면 "석유 대체 에너지로 바이오에너지 개발 열풍이 불고 있으며 미국, 유럽연합(EU), 브라질, 중국 등은 세제 혜택이나 보조금 지급 등을 통해 바이오에너지 개발에 적극 나서고 있다"고 보고하고 있으며, "바이오에너지는 앞으로 10년 이내에 세계 에너지 시장에 지각 변동을 일으킬 것"이라고 전망하고 있다. 또한 바이오디젤을 취급하는 주유소가 늘어나면서 소비자가 접할 수 있는 기회가 많아지고 있으며, 대형 선박의 연료에 바이오디젤을 혼합하는 경우가 늘어나고 있는 실정이다. 그리고 최근 원유 값의 상승에 따라, 바이오디젤의 경제 규모가 앞으로는 더 커질 것으로 예상되지만, 아직 바이오디젤의 생산가(900~950원/L)가 일반 경유(580~600원/L)보다 높기 때문에, 대중화의 최대 걸림돌로 지적되기도 한다. 또한, 식물성 기름이나 동물성 지방의 전 세계 생산량이 액체 화석 연료 이용량을 대체할 수준에는 미치지 못하고 있고, 일부 환경 단체에서는 더 많은 식물성 기름을 생산하기 위해서 지금보다 광범위한 재배가 이루어져야 하기 때문에 이를 위해 사용되는 과도한 비료와 농약은 환경오염을 유발시킬 것이라는 비판도 많이 일어나고 있기 때문에 많은 어려움들을 가지고 있다.

1.1.1. 국내 바이오디젤의 산업화 현황 연구

국내의 바이오에너지 개발 열기와 사용 실태는 아직 미미하며, 2002년 11월부터 지식경제부 승인을 받아 가야에너지 등 4개 공장에서 바이오디젤을 생산을 시작하였으며, 2007년 6월까지 지식경제부에 등록된 업체는 총 16개사이며, 실제 정유사에 바이오디젤을 공급하고 있는 업체는 7곳으로 조사되었다.

현재 국내 바이오디젤 가능 생산량은 67만kℓ이며, 업체들의 사업진행을 미루어 볼 때, 향후 2~3년 안에 90만kℓ의 바이오디젤 공급이 가능할 것으로 예상하고 있다. 그러나 <표 3>에서 보는 바와 같이, 대부분이 가장 저렴한 원료인 대두유를 브라질과 아르헨티나에서 기름 상태 그대로 수입해 생산한 것으로, 결국에 이는 에너지안보와 농가소득제고의 대안이 될 수 있는 재생가능에너지가 아니라 단지 전량 수입한 원료로 국내에서 정제 및 판매만을 하는 전통적 석유사업의 생산 방식인 것이다.

바이오디젤은 그 자체만으로도 디젤유를 대체해 기존 경유용 승용, 승합차에 별도의 엔진 개조 없이 사용될 수 있는 대체 연료로 현재 우리나라에서는 경유에 바이오디젤을 20% 혼합한 BD20이 시범보급 사업 중에 있으며(지식경제부고시 제2002-54), 아직 공급량은 적은 실정이지만 정부에서 2011년까지 바이오디젤의 보급을 국내 경유 소비량의 2.4% 수준으로 확대할 계획을 추진 중에 있다. 또한, BD5의 경우는

<표 4>와 같이 2011년 이후의 보급 방안에 있어서 유가, 원료 수급 및 가격 등 바이오디젤 보급 여건의 불확실성을 감안하여 2010년 하반기에 재검토 할 예정이지만, 현재는 매년 0.5%씩 높여 2012년까지 3%에 이르는 것으로 설정하여 추진하고 있으며, 중장기적으로는 5%를 지향하고 있다.

〈표 3〉 바이오디젤유 연도별 수입량

유지명	연도별 수입량(톤)								단가 ($/톤) **
	1998	1999	2000	2001	2002	2003	2004	2005*	
팜유	153,215	174,396	203,820	232,379	223,000	219,825	221,765	178,119	447.42
대두유	63,972	138,851	136,180	170,880	177,777	162,809	223,450	186,533	555.58
해바라기씨유	217	486	512	1,562	1,612	1,186	1,024	1,396	1,553.05
옥수수유	28,506	23,351	9,806	17,875	15,164	6,513	15,554	9,103	764.44
유채유	5,365	7,739	8,294	11,951	15,509	17,159	17,792	17,158	650.36
면실유	10,164	10,470	9,419	7,752	9,272	8,583	8,634	6,931	607.62

자료 : 가야에너지, 2006

〈표 4〉 BD5 보급 목표

연도	2007	2008	2009	2010	2011	2012
혼합비율(%) (목표)	0.5	1.0	1.5	2.0	2.5	3.0

자료 : 지식경제부

국내 경유 자동차 대수는 전체 자동차의 29%에 불과하지만, 공해 배출량은 전체 자동차공해의 약 52%를 차지할 정도로 대기오염의 주범으로 지목되고 있으며, 특히 경유 차량에서 배출되는 방향족(벤젠)의 일부 성분과 미세 먼지는 우리의 폐 속에 축적되어, 폐암의 발생 요인이 된다는 사실이 이미 확인되고 있다. 바이오디젤은 연료 내에 약 11%의 산소를 함유하고 있어 연소 시 완전 연소를 도움으로써 황과 방향족 화합물 등의 공해물질 방출이 대폭 줄어드는 것으로 알려지고 있다. 또한, 20%의 바이오디젤과 80%의 경유를 혼합하여 사용할 경우에는 기존의 경유에 함유되어 있는 난산화성 물질의 산화를 촉진하여 자동차 공해요소인 발암성 미세먼지 · 방향족 · 아황산가스 · 탄화수소 · 일산화탄소 · 매연 등의 자동차 공해가 대폭 감소되어 대도시 대기오염이 상당히 개선된다는 것이 유럽 · 미국 등지에서 이미 증명되었다.

그리고 국내에서는 국립환경연구원 자동차공해연구소에서 정밀조사 한 결과 <표 5>에서 보는 바와 같이 NOx를 제외하고 배기가스 저감 효과가 탁월하다는 것이 확인되었다.

이에 우리나라는 바이오디젤의 조기 정착을 위해 2000년부터 현재까지 21세기 프론티어 연구개발사업 · 차세대 환경기술개발사업 · 대체에너지 실용화개발사업의 일환으로 거액의 연구개발비를 투자하여 사업을 주도하고 있다. 특히 환경 · 지식경제부는 바이오디젤의 국내 보급정책계획을 수립하여, 2002년 6월 5일 국내 최초의 바이오디젤 주유소 개소와 더불어 이를 확대해 나갈 것을 계획하였으며, <표 6>와 같이 국내에서 사용이 이루어지고 있다. 이와 더불어 서울시 등 지방자치단체는 관내 청소차, 폐기물 운반차량에 대하여 의무적으로 사용하도록 정책을 이끌고 있으며, 관용차량에 대한 사용과 함께 발전소, 기관차 등으로의 바이오디젤 사용처 확대도 기술 적합성, 가격경쟁력 및 불법유통 문제 등을 고려 후에 결정할 예정이다.

〈표 5〉 바이오디젤 혼합 연료 사용시 공해물질 배출 저감 효과

항목	20~30% 바이오디젤				100% 바이오디젤			
	현미유	폐식용유	대두유	평균	현미유	폐식용유	대두유	평균
CO	-17%	-15%	-20%	-17%	-24%	-8%	-10%	-14%
HC	-15%	-11%	-20%	-15%	-22%	-13%	-2%	-11%
NOx	+4%	+2%	+3%	+3%	+10%	+11%	+15%	+12%
PM	-20%	-18%	-17%	-18%	-25%	-14%	-10%	-16%
매연	-16%	-9%	-18%	-14%	-50%	-55%	-50%	-52%

자료 : 국립환경연구원(2001). 차종별 대기오염저감효과를 평균한 수치임.

〈표 6〉 국내의 사용현황

사용방식		경유 80% + 바이오디젤 20%	
사용현황	2002년	2월	· 환경부에서 바이오디젤 및 바이오디젤 혼합 경유에 대해 배출 가스 측정 시행
		5월	· 환경부가 지식경제부에 바이오디젤을 대체에너지로 인정하여 특소세 면제토록 요청
			· 지식경제부에서 바이오디젤 혼합 경유(BD 20)을 수도권과 전라북도 소재 지정 주유소에서 일반 차량에 판매토록 허용하여 바이오디젤 시범 보급사업 착수(70여곳)
	2004년	5월	· 시범 보급 사업 1년 연장
		9월	· 바이오디젤 관련 전문가들 (정유사, 차량 제작업체, 바이오디젤 생산업체 관련 연구 기관 등)의 참여하에 국내 바이오디젤 신규격 초안 완성
	2005년	5월	· 시범 보급 사업 2005년 말까지 2차 연장
	2006년	7월	· 바이오디젤 전국 보급 예정(자동차 제작사는 BD 5 사용 차량에 대한 A/S 보증 예정)

자료 : 한국해양대학교 바이오디젤 프로젝트

1.1.2. 국외 바이오디젤의 산업화 현황 연구

바이오디젤 생산 원료는 유채, 해바라기, 대두, 폐식용유 및 팜유 순이며, 이 중 유채의 비율이 83%를 차지하고 있으며, 기후 및 토양 등의 환경 차이로 인해서 유채는 프랑스, 이태리 및 독일 등에서 주로 원료로 사용되고 있으며, 미국은 대두를 주된 원료로 이용하고 있다. <그림 4>는 2003년까지의 세계 바이오디젤 생산량을 나타내고 있으며, 2004년의 전 세계 바이오디젤 생산량은 20억ℓ로 이 가운데 90%가 EU 25에서 생산된 것으로 광유세 100% 감면의 혜택을 받는 독일에서는 현재 B100을 판매하는 주유소의 수가 1,500개 이상이 되는 것으로 보고되고 있다.

실제로 <그림 4>에서 보는 바와 같이 독일의 바이오디젤 생산량이 19억 200만ℓ로서 가장 많으며, 지역별로 봤을 때는 서유럽 지역에서 많은 양의 바이오디젤이 생산되는 것을 볼 수 있다. 2004년에 EU 25개국에서 액체 바이오연료의 생산량은 2,040Kt에 해당하며, 유채로부터의 바이오디젤 생산에 있어서는 독일과 프랑스, 이태리에서 대략 2Mt으로 두드러졌다. 바이오디젤과 디젤의 혼합 비율은 <표 7>과 같이 차량에 따라 다르게 나타났으며, 지원정책에 있어서도 <표 8>과 같이 차이를 보이는 것으로 나타났다.

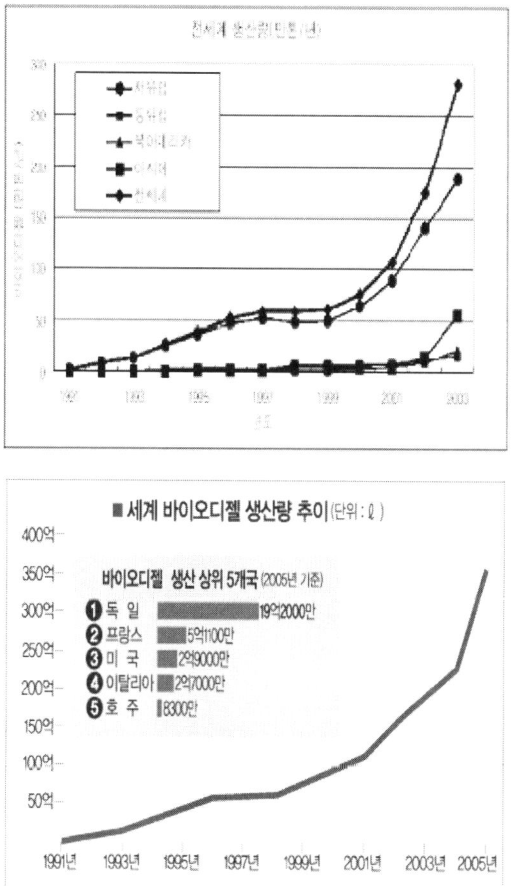

자료: 월드워치연구소

〈그림 4〉 세계 바이오디젤 생산 현황 및 추이

〈표 7〉 해외의 사용현황

국가명	혼합비율	사용처
미 국	경유 80% + 바이오디젤 20%	관공서 차량 대형트럭 공공버스
프랑스	경유 70% + 바이오디젤 30%	도심버스 관공서차량
	극저유황경유 70% + 바이오디젤30%	공해가 심한 대도시 버스
	경유97% + 바이오디젤 3%	도심주변 주유소를 통해 일반 디젤 차량에 보급
독일	바이오디젤 100%	도심용 버스
	경유 95% + 바이오디젤 5%	대도시 주변 일반 차량
스웨덴	극저유황 경유 70~95% + 바이오디젤 30~50%	대도시버스
이탈 리아	바이오디젤 100%	대도시 난방용 연료
	기존 경유 70% + 바이오디젤 30%	대도시 버스

〈표 8〉 각국의 지원정책

<table>
<tr><td rowspan="3">유럽</td><td>독일</td><td>· 석유세 면제, 보조금 지급, 에너지 작물 의무경작.
· 세계에서 가장 앞서 바이오디젤의 상용화에 성공.
· 바이오디젤 혼합 경유에 대하여 면세혜택.</td></tr>
<tr><td>프랑스</td><td>· 세제 혜택과 환경법규 강화정책을 통해 바이오디젤의 정착을 장려
· 바이오디젤 혼합경유에 대하여 면세혜택
· 면세 혜택을 반는 총 금액의 20%를 기업에게 보조금으로 미리 지원
· 인구 10만명 이상 도시지역의 공공차량에 대하여 바이오디젤 연료의 사용을 의무화</td></tr>
<tr><td colspan="2">· 교토의정서에 의거하여 유럽에서 신설될 공동 세금인 환경세 조항에 바이오디젤 연료의 사용을 장려하는 항목을 삽입할 예정임</td></tr>
<tr><td>미국</td><td colspan="2">· 미국은 공공기관, 20대 이상의 차량을 보유한 운수업체에 대하여 매년 차량대당 1,620L씩 대체연료(바이오디젤 포함)를 사용하도록 하고 있음
· 미 의회는 2년간의 연구와 조사를 바탕으로, 바이오디젤을 대기 청정법률에 의거, 청정에니지로 결정하고, 청성에너지에 해당하는 모든 혜택을 부여</td></tr>
</table>

이와 같은 정부의 지원은 바이오디젤이 대량 생산되고 있는 경유에 비해 생산단가가 높기 때문인 것으로 각국에서는 <표 9>과 같이 면세 또는 보조금을 지급하고 있으며, 만약 석유 가격이 지속적으로 오를 경우에는 바이오디젤이 이러한 보조 없이도 가격 경쟁력이 생겨날 것으로 사료된다.

〈표 9〉 주요 국가의 바이오디젤 면세 사례(원/리터)

주 요 국 가	면세(경감액)
독 일	588
프 랑 스	521
이 태 리	516
영 국	844
미 국	300

1.1.2.1. 유럽

바이오디젤은 유럽의 경우, 1980~1993년까지 수억 ㎞의 주행테스트로 환경 청정연료로 사용이 입증되었으며, 이를 근거로 대량으로 사용하고 있다. 1993년에 최초로 도심공해 저감대책으로 생산 · 공급된 것을 시작으로 5년이 지난 1998년에는 50만 톤이 생산되었으며, 1990년대 초 프랑스에서 처음 버스 및 트럭용 연료로써 바이오디젤을 사용한 이래로 독일, 스웨덴, 벨기에, 이탈리아 등의 유럽 300개 도시의 대형버스 · 청소차 · 관용차에 의무적으로 사용되고 있다. 그리고 바이오디젤에 적합하도록 개조한 차량에 대해서는 100% 바이오디젤을 사용하였으며, 일반 경유 차량의 경우에는 30% 이내의 바이오디젤을 경유와 혼합하여 사용하고 있다. 또한 정부의 세제 혜택에 힘입어 2000년에는 100만 톤이 공급되었으며, 2005년에는 유럽에서만 200만 톤 이상이 공급·사용될 것으로 전망하고 있다. 또한, 품질 규격에서는 경유에 바이오디젤을 5% 이내 포함할 수 있도록 함에 따라 일반 경유로서 프랑스, 오스트리아, 독일, 이태리, 스웨덴, 스위스, 영국 등에서 BD5를 보급하고 있고 최근에는 바이오디젤 함유량을 10%까지 높이기 위한 기술적 타당성과 품질 기준을 검토하고 있다.

〈표 10〉 유럽의 바이오디젤보급 현황 및 정책

국가	사용방식	사용차량	정책적 지원	기타
프랑스	BD30	도심버스, 관용차량, 대형트럭	· 바이오디젤 면세 · 공공기관 및 시내버스 항산소 연료사용 의무화 · 도시지역 30% 바이오디젤 사용 의무화	면세액 (414원/리터)
	BD30 (+ULSD)	대도시버스		
	BD3	도심주변 일반차량		
독일	BD100	도심버스	· 바이오디젤 면세	면세액 (432원/리터)
	BD5	도심주변 일반차량		
스웨덴	BD5~BD30	도심버스, 대형트럭	· 바이오디젤 면세	
벨기에	BD20	도심버스	· 바이오디젤 면세	
이탈리아	BD100	도심버스, 대형트럭	· 바이오디젤 면세	면세액 (420원/리터)
	BD30	도심버스		
EU	· 2005년까지 총에너지의 5%, 2010년까지 12%를 바이오에너지로 대체 · 2010년까지 액체 바이오연료(바이오디젤 70-80%, 바이오알콜 20-30%) 1억8천만 톤 보급 계획			

자료) 바이오디젤의 대기환경개선효과 및 국내외 보급현황 한국에너지기술연구원. 2005

<표 10>에서 나타나는 것과 같이 유럽연합은 2005년까지 총 에너지의 5%를, 2010년까지는 12%를 바이오에너지로 대체할 계획을 세우고 있으며, 바이오디젤의 사용을 유도하기 위해 2005년의 경유 규격을 바이오디젤과 거의 일치시키도록 규정하고 있다.

바이오디젤 사업은 표면적으로 친환경 에너지를 생산하는 사업이지만 농업보조정책으로도 중요한 의미를 가지는데, EU의 경우 휴경지에 디젤용 유채꽃을 재배하여 유채 판매수입과 별도로 CAP(공동농업정책 보조금) 276~290유로/ha을 지불하고 있다. 또한, 바이오디젤을 전략 에너지원으로 중시하는 많은 나라들은 바이오디젤 무역에 여러 가지 형태의 제약을 부과함으로써 국내원료 농산물 생산자를 보호하거나 보조를 하고 있다.

<표 11>에서와 같이 유럽국가 중 독일은 바이오디젤을 가장 적극적으로 활용하고 있는 나라이며, 정부는 바이오디젤에 대해 화석 연료세 또는 환경세를 면세함으로써 바이오디젤 가격이 경유에 비해 상대적인 가격경쟁력을 확보하게 하고 있다. 이에 따라 1993년 바이오디젤 판매량은 1만톤에 불과했으나 2002년에는 55만톤까지 증가하였고, 2010년에는 179만톤까지 확대될 전망이다. 또한 프랑스와 이탈리아에서도 연간 50만톤과 40만톤의 바이오디젤이 판매되고 있다.

〈표 11〉 각국의 연도별 바이오디젤 판매 추이

(단위 천톤)

연도	독일	프랑스	이탈리아	오스트리아	덴마크	영국	스웨덴
2002	450	366	210	25	10	3	1
2003	1,025	500	420	50	40	5	2
2004	1,088	502	419	100	44	15	8

자료) www.neoenergy.co.kr

이와 더불어 각국에서 진행되는 연구를 살펴보면, 오스트리아의 Graz 대학에서는 "가정에서 요리 후 폐기 처리되는 면실유(6만톤/년)를 이용한 바이오디젤 전환" 연구가 추진되고 있으며, 오스트리아와 독일의 공동 연구로서 Vogel & Noot GmbH 사에서는 "바이오디젤 제조 공정중의 촉매를 KOH로 대체하여 생산수율을 높인 공정"을 특허 출원하였다. 이외에 제조 공정과 관련하여 Sofiprogel SA사의 Estrip 공정 등이 특허 등록되었으며, 프랑스 국영 석유공사에서는 에스테르화 반응과 관련한 추가 연구가 활발하게 추진되고 있는 실정이다.

1.1.2.2. 독일

1990년대 이후 독일에서 바이오디젤과 관련한 흐름은 대략 세 가지로 구분되는데, 우선은 바이오디젤 관련 시민단체

(BBE: 독일바이오디젤협회, BBK: 독일 바이오-재생가능연료협회, BEE: 독일재생가능에너지연합, FEE: 독일재생가능에너지 증진을 위한 모임, VDB: 독일바이오연료산업협회)등의 사용 촉진 활동이다. 두 번째로는 1990년 독일농업인협회와 독일경정농협회가 주축이 돼 창립된 이후, 모든 바이오디젤 관련 회사, 협회, 연구소 관련 마케팅 그룹들이 참여한 '에너지 작물 보급 확대를 위한 연합(Ufop: Union for the Promotion of Oil Seeds and Protein Plants)'의 적극적인 마케팅 캠페인이었으며, 세 번째로는 독일 정부의 바이오디젤 생산설비에 대한 보조금 지급, 바이오디젤 이용을 위한 차량 개조와 수송회사별 자가 주유 설비 설치에 대한 보조금 지급 등 경제적 인센티브 정책이다. 이와 같은 사회적 활동을 통해 바이오연료의 독일 내 확산이 가속화되어 바이오디젤의 순기능에 대한 규모의 경제 효과가 확대되었으며, 지금은 유럽 국가 중에서도 바이오디젤 보급에 관한한 가장 적극적이고 전 세계에서 가장 많은 바이오디젤을 생산, 보급 및 소비하는 국가로 연간 2000만톤 이상을 이용하고 있다. 현재까지 연료계 재료 등을 수정한 전용차량을 사용하여 BD100을 통해 300만대 이상이 운행되고 있으며, 2004년부터는 BD5 보급에 착수하여 2005년도에는 전체 바이오디젤 판매량의 40%를 차지하였다. 이외에 승용차, 사업장차량, 농업기계에 BD 100이 각각 10%, 45%, 5%씩 보급되었다.

1.1.2.3. 미국

미국에서의 바이오디젤은 4천8백만㎞의 주행테스트 결과, 환경청의 엄격한 환경과 건강 기준을 통과함으로써 에너지부와 교통부에 자동차연료로 등록된 유일한 대체에너지이다. 미국은 1992년에 National Biodiesel Board가 설립된 이래, 정부주도로 대체에너지 개발을 추진하였으며, 1998년 10월 의회에서 바이오디젤을 연료로 사용할 수 있는 법안을 통과시켰다. 또한, 2001년에는 부시 대통령이 바이오디젤을 포함한 신재생 에너지의 보급 확대를 천명하였고, 이러한 정부차원의 적극적인 도입 정책에 따라 보급실적은 매년 증가하였다. 보급 대상으로서 BD100은 특정용도의 군용선박, 발전용, 쓰레기수거차, 농가차량 등에 보급되었으며, BD20은 EPAct (Energy Policy Act)에 대응하여 국립공원 및 지방자치단체 차량, 스쿨버스 등에 보급되었다. BD2의 경우에는 경유의 윤활성 향상 및 신재생연료 기준 등에 대응하여 저유황경유와 혼합하여 일반차량에 보급되고 있으며, 2010년까지 화석에너지 수요의 10%를 바이오연료로 대체할 계획에 있다.

바이오디젤의 판매량에 있어서는 1999년 189만ℓ에서 2003년에는 9,463만ℓ로 급증하였으며, 바이오디젤에 갤런당 0.35$의 수입세를 부과함으로써 국내 바이오디젤 원료농산물 생산자들의 보호에도 주의를 기울이고 있다.

이와 같은 바이오디젤의 보급과 관련하여 추진되고 있는 연구로서 Iowa 주립대학에서 "순차적 추출공정(Sequencial

Extraction Process)에 의한 연구"를 수행한 결과, 기존 공정에서 72% 정도의 수율을 90%까지 향상시켰으며, Texas A & M 대학에서는 각종 육류 가공 과정에서 제거되는 콜레스테롤과 포화지방을 바이오디젤로 변환시키는 연구를 추진하고 있다.

1.1.2.4. 브라질

브라질은 2009년부터 바이오디젤이 2% 혼합된 BD2를 의무적으로 판매해야 하고 2013년까지 5%로 늘려야 한다. 이를 통해 전문가들은 브라질의 연간 바이오디젤 소비량이 의무혼합 비율을 2%로 할 경우에 10억ℓ, 5%로 높이면 27억ℓ 수준으로 크게 늘어날 것으로 전망하고 있다. 또 바이오디젤의 원료 생산자에게 세금 인센티브를 제공, 지역사회 수입증대에도 기여할 예정이다.

현재 브라질에는 바이오디젤을 생산 중인 공장이 7개, 공사를 마치고 정부의 생산허가를 기다리고 있는 공장이 14개, 건설 중인 공장이 16개 있으며, 그 밖에도 29개의 바이오디젤 생산 프로젝트가 검토 중인 것으로 조사돼 바이오디젤시장에 대한 높은 관심을 입증하고 있다. 이러한 높은 관심을 바탕으로 브라질은 식물성 바이오디젤유의 생산을 위해서 세계에서 처음으로 자트로파 바이오디젤을 상업화할 예정이며, 바이오디젤 테크놀로지(BDT)는 올해 말까지 연 4만t 규모를 생산할 수 있는 바이오디젤 제조공장을 증설할 계획이라고

<리뉴어블에너지엑세스>가 보도했다.

자트로파의 열매는 먹을 수 없지만 유기질이 풍부하고 빨리 자라 바이오디젤 원료로 적합한 것으로 평가받고 있다. 이 사업을 위해 토탄킨스 지역에는 4만8000ha의 땅에 자트로파 농장이 생겨나고, 지역사회는 새로운 수익원을 찾을 수 있으며, 회사는 저렴하고 안정적인 바이오디젤 원료를 공급받을 수 있게 된다.

<그림 5>의 자트로파 나무는 땅 1헥타르 당 2500그루에서 4000그루를 재배할 수 있으며, 8개월째부터 열매를 수확하여 한 그루당 5kg~15kg의 열매를 수확할 수 있는 것으로 알려지고 있다. 이와 더불어, 동물성 지방을 원료로 하는 세계 최대의 바이오디젤 공장도 2007년 8월 21일에 브라질 상파울루(Sao Paulo)에서 첫 가동되었다. 현재 가동률은 미미한 수준이지만 회사측은 향후 5개월 내에 공장 가동률을 100%로 높여 연간 1억1천만ℓ의 바이오디젤을 생산할 계획이라고 밝혔으며, 이는 브라질 전체 바이오디젤 생산량의 14%에 해당하는 동물성 지방을 원료로 하는 설비 중에서는 세계 최대 규모이다.

〈그림 5〉 자트로파 재배 농장과 자트로파 열매

1.1.2.5. 중국

세계 3위의 에탄올 생산국인 중국은 수송용 바이오연료(에탄올 및 바이오디젤) 생산과 사용량을 2005년 100만톤에서 2020년 1,200만톤까지 증가시킴으로써 수송연료의 약 15% 점유를 목표로 하고 있다. 최근 중국의 원유소비량은 2004년에 2억9,200만톤(전년 대비 15.5% 증가)인데 반해,

원유생산량은 1억7,500만톤(전년대비 2.9% 증가)으로 원유 수입량이 1억2,300만톤(전년 대비 34.8% 증가)을 기록하여 수입의존도가 42.1%로 상승하였다. 국가발전개혁위원회 에너지연구소에 따르면 2020년에 이르렀을 때, 중국의 원유 소비량은 4억5,000~6억1,000만톤, 국내 원유생산량은 1억8,000만톤, 수입량은 2억7,000만~4억3,000만톤으로 증가해 원유의 수입의존도가 60~70%에 이를 것이라고 전망하고 있다. 이를 미루어볼 때, 현재 중국산 바이오디젤의 제조원가가 비교적 높아 산업화를 실현하지는 못하고 있지만 심각해지는 환경과 에너지 위기를 극복하기 위해서 중국의 디젤자동차와 바이오디젤 보급은 불가피한 상황이 되어가고 있는 실정이다.

그러나 중국의 경우, 바이오디젤 산업화를 위한 기술과 설비 여건은 충분히 갖췄지만, 바이오디젤용 원료확보 난이 산업화를 저해하는 최대 걸림돌로 떠오르고 있다. 선진국의 경우에는 대부분 식물성기름을 바이오디젤의 주원료로 이용하고 있으나 중국의 경우는 상업 작물 생산 능력의 한계로 식물성 기름을 확보하기가 어렵기 때문이다. 뿐만 아니라 동물성 기름의 활용에 있어서도 주로 곡물재배에 치중하고 있는 중국의 경우에는 목축업과 양식업 규모가 상대적으로 작아 동물성기름을 바이오디젤 주원료로 할 수 있는 기반이 취약한 실정이다.

1.1.2.6. 미얀마

미얀마 정부는 2005년 후반기부터 대체연료로 바이오디젤에 주목하기 시작하였으며, 최근 국제유가의 지속적인 상승에 따른 위기를 극복하기 위해 바이오디젤을 연료 대체 상품으로 개발하고 있는 실정이다. 미얀마 상업부의 발표에 따르면, 정부는 2008년까지 바이오디젤을 생산할 수 있는 Physic Nut 재배를 전국적으로 확대할 계획을 가지고 있으며, 이를 바탕으로 800만 에이커의 면적에서 연간 바이오디젤 2,000만톤을 생산하는 것을 목표로 설정하여 2008년부터는 바이오디젤이 일반 디젤을 대체할 것으로 전망하고 있다. 전국적으로 Physic Nut를 재배하기에 적합한 지역은 약 1,600만 에이커에 이르며, 전문가의 말을 인용하면 1에이커의 면적에 1,200수의 Physic Nut를 재배할 경우, 바이오디젤 100갤런을 생산할 수 있을 것으로 예상했다.

미얀마는 Castor, 자트로파 두 종류의 Physic Nut를 보유하고 있는데, 자트로파에서 뽑아낸 원유는 천으로 걸러서 바로 연료로의 투입이 가능하며 실제 실험에서 기계와 차량 엔진으로의 적용에 성공했다고 발표하였다. 현재 미얀마는 연간 2억 갤런 이상의 디젤을 수입하고 있으며 자체 생산량은 9,000갤런에 머무르고 있는데, 미얀마 정부는 현재 수입되고 있는 디젤의 약 22% 정도가 바이오디젤로 대체될 것이라 예상하고 있다.

미얀마 당국은 연간 수백만 달러에 달하는 외환이 연료비로 소모되는 부담을 줄이기 위해 바이오 연료 사용의 필요성을 강조하고 있으며, 민간업체들을 대상으로 Physic Nut 재배 사업과 바이오디젤 생산 사업에 참여할 것을 권장하고 있다. 이와 함께 미얀마 정부는 2005년부터 Physic Nut 재배를 위한 국내외 투자를 유치하기 위해 노력해 왔는데 현재 일본 · 말레이시아 · 인도 등 3국의 투자자들이 바이오디젤 사업에 투자하기 위해 협의 중에 있다.

이상에서 살펴본 바와 같이 세계 각국은 화석연료의 대체 연료로 바이오에너지를 적극 개발하여 사용하고 있으며, 한국의 경우에는 바이오에너지 활용에 있어서 바이오디젤의 차량용 연료를 시범 보급하는 초기단계에 있다고 할 수 있다.

바이오디젤은 정유사업과 달리 대규모자본과 고도의 기술이 필요하지 않기 때문에 원료 작물을 농가 및 마을단위로 손쉽게 생산할 수 있다는 장점을 가지고 있다. 따라서 유휴농지를 활용하여 작물을 재배하고 이를 이용하여 바이오디젤을 생산할 경우 농가소득증대 및 사회후생증대를 도모할 수 있을 것으로 판단된다. 그러나 이를 위해서는 세제감면과 보조금지원, 바이오디젤 사용의 의무화 등 정부의 제도적 재정적 지원이 필수적으로 요구될 것이다.

1.2 국내외 바이오디젤 특허 동향

1.2.1. 바이오디젤의 국내외 특허추이분석

1.2.1.1. 분석방법 및 분석범위

KIPRIS(www.kipris.or.kr) 검색엔진을 사용하고 바이오디젤 국내외 특허조사를 위한 관련 검색어는 biodiesel, biodiesel fule, fatty acid alkyl ester. esterification, transesterification, vegitable oil 등을 조합하여 검색하였으며, 1998년부터 2007년 현재까지 최근 10년간 등록된 한국 특허 및 미국 특허 관련 주요 기술내용을 분석하고, 또한 일본 특허 공개 및 유럽 공개 특허(EP-A)와 미국 공개 특허를 대상으로 조사하였다.

1.2.1.2. 국가별 등록 특허 추이 분석

<그림 6>에서와 같이 최근 10년간(1998~2007년) 바이오디젤 관련 등록된 특허를 기준으로 한국과 미국에 대해서만 조사하여 분석한 결과 동일 기간 내에 국내에 등록된 특허등록 건수는 총 28편으로 미국에 등록된 특허등록 건수 총 22편 보다 많았다. 국내에 등록된 특허 건수에 대해 출원인의 국적별로 분석해 보면 한국 26편으로 일본 1편, 이태리 1편으로 한국이 대부분으로 최근 들어 국내 산·학·연에서 연구 개발이 활성화 되고 있음을 알 수 있다. 또한, 미국에

등록된 특허 건수에 대해 출원인의 국적별로 분석해 보면 미국이 22편으로 대부분 차지하고 있다.

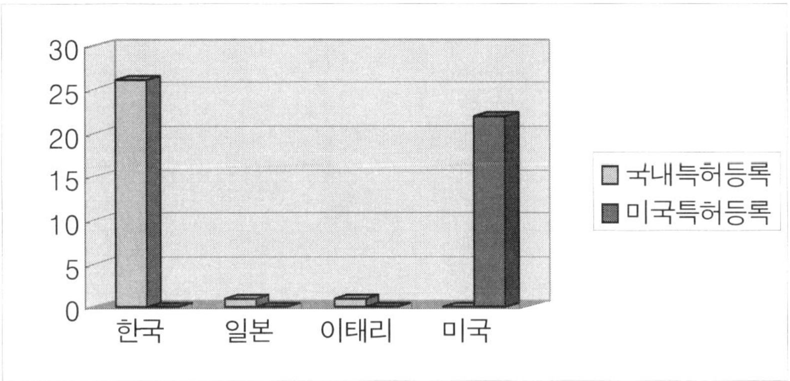

〈그림 6〉 국내 및 미국내에 등록된 특허등록 건수에 대한 출원인 국적별 등록 건수
(1998~2007년, 최근 10년간 등록일 기준)

<그림 7>에서와 같이 국내에 등록된 특허 건수에 대해 관련 기술 분야별로 분석한 결과, 생산기술 분야는 50%, 연료 조성물 제조기술 분야는 21%, 정제기술 분야는 18%, 기타 응용기술 분야는 11%로서 생산기술 분야에 연구개발이 많았으며, 물성 개선 및 정제기술 분야에서도 연구 개발이 많이 되고 있음을 알 수 있다.

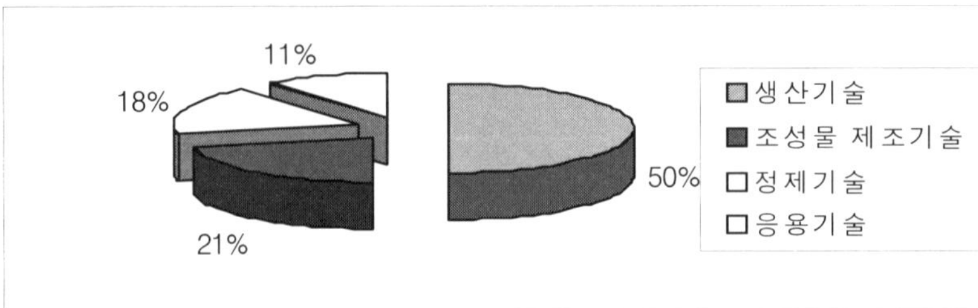

〈그림 7〉 바이오디젤 관련 기술분야별 국내등록 특허내용
(1998~2007년, 최근 10년간 등록일 기준)

<그림 8>에서와 같이 미국에 등록된 특허 건수에 대해 관련 기술 분야별로 분석한 결과, 생산기술 분야는 50%, 연료 조성물 제조기술 분야는 21%, 정제기술 분야는 18%, 기타 응용기술 분야는 11%로서 생산기술 분야에 연구 개발이 많았으며, 물성 개선 및 정제기술 분야에서도 연구 개발이 많이 되고 있음을 알 수 있다.

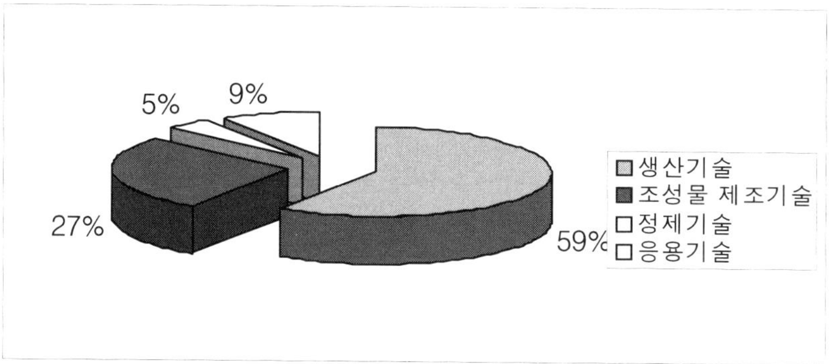

〈그림 8〉 바이오디젤 관련 기술분야별 미국등록 특허내용
(1998~2007년, 최근 10년간 등록일 기준)

최근 10년간(1998~2007년) 바이오디젤 관련 각 국가별 특허 출원 현황을 조사한 결과 한국 제외한 총 특허 출원 건수로는 총 254편이며 각 출원국으로 비교해 보면 WO 특허 98편, JP 특허 22편, EP 특허 40편, UO 특허 94편으로 출원되었으며 출원일을 기준으로 볼 때 특히 2004년 이후부터 최근까지 출원 건수가 집중되고 있음을 알 수 있다. 이것은 교토의정서 협약에 따른 온실가스 저감을 위한 단기간 효과적인 해결 방안으로 신재생에너지인 바이오디젤 연구 개발에 집중하는 선진국들의 노력이 진행되고 있음을 알 수 있다.

2. 바이오디젤 산업화 기술 현황

■ 2.1. 바이오매스 가공기술 현황

■ 2.2. 면실유의 솝스톡(soapstock)과 자방산 메틸에스테르 합성관련 기술

■ 2.3. 동식물 유지의 공비(azeotropy) 증류에 의한 메틸에스테르화 기술

■ 2.4. 아실기 수용체의 효소법에 의한 짧은 사슬 지방산 에스테르 바이오디젤화 기술

2.1 바이오매스 가공 기술 현황

바이오매스(Bio-mass)란 태양에너지를 받은 식물과 미생물의 광합성에 의해 생성되는 식물체·균체 그리고 이를 먹고 살아가는 동물체를 포함하는 생물유기체를 말하는 것으로서, 석유자원(petrochemical feedstocks)을 이용한 화학적 합성공정에 의존한 에너지원들로 인해 환경문제 및 자원고갈 등의 문제를 해결하기 위한 대안으로 떠오르게 되었다. 이러한 바이오매스 자원으로는 곡물, 감자류를 포함한 전분질계 자원, 초본, 임목과 볏짚, 왕겨와 같은 농수산물을 포함하는 셀룰로오스계 자원, 사탕수수, 사탕무 같은 당질계 자원은 물론 가축 분뇨, 사체와 미생물의 균체를 포함하는 단백질계 자원 및 이들 자원에서 파생되는 종이, 음식찌꺼기 등의 유기성 폐기물도 포함된다. 이와 같은 각각의 바이오매스 자원을 이용한 바이오에너지 변환 기술은 아래 <그림 9>와 같이 나타낼 수 있으며, <표 12>에 나타난 것과 같이 크게 바이오액체연료, 바이오매스 가스화기술, 바이오매스 생산 및 가공기술로 나눌 수 있다.

〈그림 9〉 바이오에너지 변환기술

이와 같은 바이오매스 에너지는 풍부한 자원과 큰 파급효과, 환경 친화적 생산시스템, 환경오염의 저감 및 생성에너지가 다양하다는 등의 장점을 가지고 있지만, 자원의 산재로 인한 수집, 수송의 불편과 다양한 자원에 따른 이용 기술의 다양성과 개발의 어려움 외에도 과도하게 이용할 시에는 환경파괴가 이루어질 수 있으며 단위 공정의 대규모 설비 투자가 필요하다는 단점도 가지고 있다.

〈표 12〉 바이오매스 기술의 분류

대분류	중분류	내 용
바이오액체 연료 생산기술	연료용 바이오 에탄올 생산기술	당질계, 전분질계, 목질계
	바이오디젤 생산기술	바이오디젤 전환 및 엔진적용기술
	바이오매스 액화기술 (열적전환)	바이오매스 액화, 연소, 엔진이용기술
바이오매스 가스화기술	혐기소화에 의한 메탄가스화 기술	유기성 폐수의 메탄가스화 기술 및 매립지 가스 이용 기술 (LFG)
	바이오매스 가스화기술 (열적전환)	바이오매스 열분해, 가스화, 가스화발전 기술
	바이오 수소 생산기술	생물학적 바이오 수소 생산기술
바이오매스 생산, 가공기술	에너지 작물 기술	에너지 작물 재배, 육종, 수집, 운반, 가공 기술
	생물학적 CO_2 고정화 기술	바이오매스 재배, 산림녹화, 미세조류 배양기술
	바이오 고형연료 생산, 이용기술	바이오 고형연료 생산 및 이용기술 (왕겨탄, 칩, RDF(폐기물연료) 등)

최근의 바이오매스 기술의 추세를 살펴보면, 공해유발형 및 고에너지소비형 화학원료 생산공정을 재생 가능한 자원(renewable feedstocks)인 바이오매스(biomass)를 이용한 생물공학적 발효공정으로 대체하거나 탈공해 및 저공해 청정 생물공학기술(green-biotechnology)을 이룩하려는 연구가 활발하게 진행되고 있다. 이와 더불어 바이오매스를 구성하는 탄수화물이 석유를 구성하는 탄화수소와 마찬가지로 이론적으로는 화학, 생물공학기술을 응용해 우리 생활에 쓰이는 거의 모든 화학제품을 만들 수 있기 때문에 많은 관심을 기울이고 있는 실정이지만 탄탄한 인프라를 구축하고 값싸게 공급되는 석유화학제품을 경제성 면에서 극복하지 못하고 있기 때문에 많은 어려움을 가지고 있기도 하다.

그러나 한 예로써 미국 카길(Cargill corp.)사는 네바라스카의 Biorefinery에서 옥수수를 원료로 젖산을 포함한 수개 화학제품과 생분해성 플라스틱인 Polylactic Acid 생산을 시작하였으며, 이를 통해 나프타의 소비를 절약할 뿐만 아니라 공정 자체의 에너지 소비를 줄여 석유소비를 절감하고 유화계 플라스틱 등을 대체하여 환경오염 저감에 크게 기여하고 있다. 여기에서 Biorefinery 기술은 <그림 10>과 같이 식물체 등의 바이오매스를 원료로 Bio-Technology를 이용해 목질계 바이오 연료류(에탄올, 부탄올, 아세톤 등)와 화학원료(젖산, 숙신산)를 만드는 기술과 이를 실현한 플랜트를 말한다.

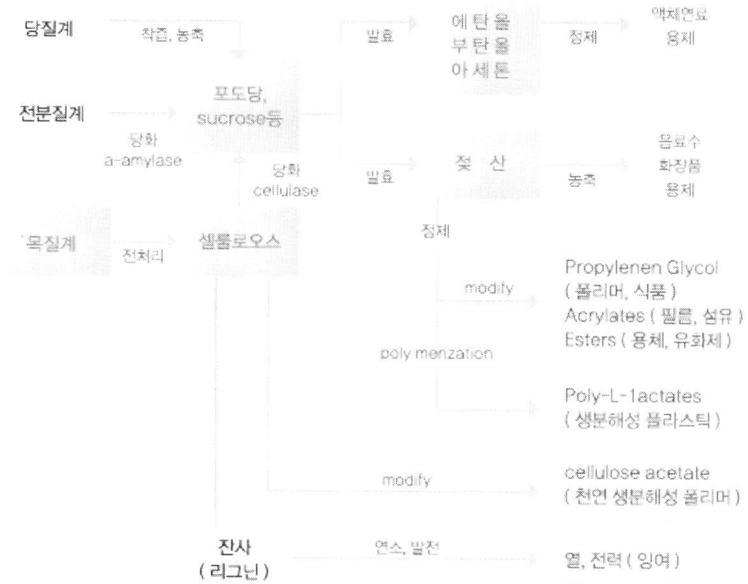

〈그림 10〉 바이오매스를 이용한 Biorefinery 기술

2.1.1. 국내

바이오매스는 전 세계에서 가장 많이 사용되고, 현재 가장 풍부하게 존재하고 있는 에너지원 중의 하나로서 국내의 기술 개발 동향을 살펴보면 1999년까지는 바이오에탄올, 메탄가스화 기술개발 위주로 추진되었으며 1990년대 이후 LFG 이용기술, 바이오 수소생산 기술개발 등이 주요 분야로 추가 추진되고 있다.

국내의 연구비 지원현황은 아래 <표 13>과 같이 88년부터 '05년까지 바이오분야의 99개 과제에 434억5400만원 투자했으며 그 중 289억8800만원을 정부가 지원한 것으로 나타나고 있다.

〈표 13〉 연구비 지원현황

구분\년도		'88~'99	2000	2001	2002	2003	2004	2005	계
과제수	신 규	69	3	4	3	6	10	4	99
	계 속	118	4	4	7	11	8	11	163
	계	187	7	8	10	17	18	15	262
사업비 (백만원)	정 부	13,361	1,470	1,268	1,378	1,467	4,233	4,213	28,988
	민 간	7,769	432	721	889	1,284	1,744	1,627	14,466
	계	21,130	1,902	2,099	2,356	4,150	5,977	5,840	46,454

또한, 바이오매스 기술 개발 계획에 있어서는 <표 14>에 나타난 것과 같이 총 4단계에 걸쳐 진행되었으며, 그 결과로 이루어진 국내 바이오매스 시장의 규모는 <표 15>과 같다.

〈표 14〉 바이오매스 기술개발 기본 계획

제1, 2단계(~'96까지)	제3단계('97~'01)	제4단계('02~'06)
• 연료용 알콜 생산기술 개발 · 농산물이용 1kℓ/일 규모 연속 발효생산기술 실용화 · 농산물이용 20ℓ/일 규모 PDU 건설 및 운전	• 연료용 알콜 생산 기술 · 생산단가 400원/ℓ 이하(농산물 이용) · 목질, 산업폐기물 등을 이용한 생산기술 실용화	• 연료용 알콜 생산기술 · 생산단가 300원/ℓ 이하 (농산물 이용) · 목질, 산업폐기물 등을 이용한 생산기술 상용화
• 메탄가스 전환기술 실용화 · 산업용 UASB 공정 개발 (10~100톤급) · 50kg/일 처리규모 폐기물혐기발효 실증연구 · LFG 이용 기술타당성 검토	• 메탄가스 전환기술 · 산업용 및 축산폐수용 메탄가스 전환 공정 개발 (500톤급 이상) · 100톤/일 규모 폐기물 혐기발효 실용화 · 1,000만㎥/년 이상 규모 LFG 실증실험	• 메탄가스 전환기술 · 산업용 및 축산폐수용 메탄가스 전환공정 상용화 · 폐기물 혐기발효 상용화 · 1,000만㎥/년 이상 규모 LFG 상용화
• 미래 바이오 에너지기술 기초 연구	• 미래 바이오 에너지기술 기반 연구	• 미래 바이오 에너지 기술 실증실험

〈표 15〉 국내 바이오매스 시장

(단위 : 억원, %)

구분	2000	2002	2005	CAGR
LFG(Landfill Gas) 발전/난방	10	40	400	109.1
바이오가스화 (LFG 제외)	244	262	280	3.5
바이오디젤	1	2	800	280.7
합 계	255	304	1,480	44.4

* CAGR : Compound Annual Growth Rate

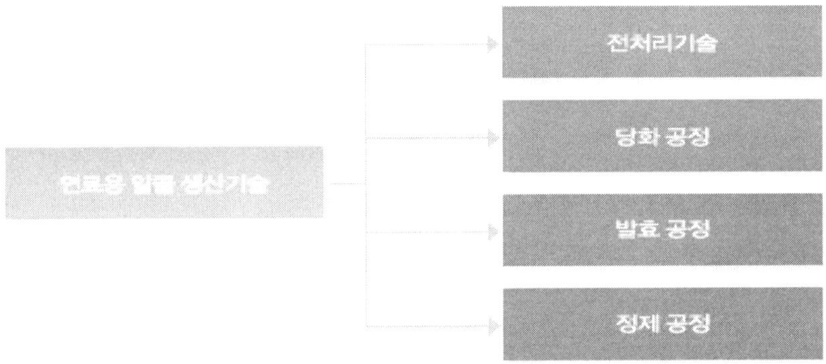

〈그림 11〉 연료용 알콜 생산 기술 공정도

〈그림 12〉 메탄가스 전환 기술의 적용 분야

세부 기술별로 살펴보면, 연료용 알콜 생산 기술 분야의 경우에 보급여건 미성숙으로 인해 실용화되지는 않았으나 시스템 기술개발을 완료하여 별도의 요소기술개발은 불필요한 것으로 보고되었으며, 그 공정은 <그림 11>과 같다.

이후의 연구·개발은 연료용 알콜 생산 기술의 보급 여건이 성숙되었을 때 저가형으로의 기술개발이 검토되고 있으며, 메탄가스 전환 기술에 있어서는 <그림 12>에 나타난 분야를 중심으로 시스템 기술 개발을 중점으로 추진하고 있다. 그 결과 폐수를 대상으로 하는 메탄전환기술은 실용화 되었으나, 축산 폐수 분야의 경우에 있어서는 기술 축적의 부진으로 인해 지속적인 기술 개발이 요구되고 있다.

음식물 및 슬러지 분야의 경우에는 일부 실용화되었으나 시스템 신뢰도의 향상과 고효율화 기술 등의 추가적인 기술 개발이 요구되고 있으며, LFG 분야의 경우에는 김포 수도권

매립지, 부산 생곡매립지 등 지방자치단체 차원에서 외국기술이 도입되고 있는 실정이다. 그러나 현재 추진 중인 가스엔진 적용기술이 개발되고 나면 국내 기술의 시장진출이 가능할 것으로 예상되며, 머지않아 기술개발효과가 가시화 될 것으로 판단된다. 이 때문에 시스템 신뢰도 향상을 위한 집중적인 기술개발이 요구되고 있다.

2.1.2. 해외

교토의정서에 따라 온실가스 배출 감축 의무를 지게 될 국가들을 포함하는 해외의 경우에는 바이오매스 연료를 환경문제 해결의 중요한 수단으로 보고 있기 때문에 바이오연료 확산에 유리하게 작용하고 있으며, 미국, 유럽연합(EU), 브라질 등의 국가들은 대부분 1970, 1980년대부터 바이오연료 개발에 뛰어든 것으로 알려지고 있다.

브라질의 경우, 사탕수수로 바이오에탄올을 생산하여 휘발유 차량에 20~25%의 바이오에탄올 혼합연료 사용을 의무화했으며, 바이오에탄올의 수출도 추진하고 있는 것으로 알려지고 있다.

미국의 경우에는 석유의 중동 의존도를 줄이기 위해 99년 대통령령으로 "바이오 연료/화학원료 개발촉진(제13134호)"을 선언하였으며, 2010년까지 바이오에너지 공급을 3배 확충을 목표로 하고 있다. 구체적 안으로는 목질계 알콜 연료, 바이오매스 가스화 발전, Biorefinery 기술개발 상용화와 에너지 작물 재배 기반의 확충을 포함하여 바이오연료의 사용을 늘리자는 것이 주목표이며, 나아가서는 바이오연료의 상용화를 통해 2025년까지 중동산 석유 수입량에 대해 현재의 4분의 1 수준으로 줄일 방침이다.

'80년대 미국 및 EU는 폐기물의 단순처리 목적으로 소규모 매립장을 다수 설치하였으나 메탄 방출에 의한 지구 온난화 등 환경문제가 심각해짐에 따라 90년대에는 매립장에서 발생하는 메탄(매립지가스, LFG)을 회수해 에너지원으로 활용하는 공정을 상용화 했으며 주로 대규모 매립장을 대상으로 설치하여 전기를 생산하고 있는 실정이다.

EU의 경우, EU Campaign for Take-off(도약의 캠페인)를 기반으로 2010년까지 바이오매스를 이용한 에너지를 3배까지 확충하여 총에너지소비의 약 9%(전체 대체에너지의 74%)를 바이오에너지(폐기물 포함)로 공급하는 것을 목표로 실행 중에 있으며, 구체적인 안으로는 10GWth의 바이오매스 열병합 발전, 백만호 바이오매스 개별난방, 1GWe의 메탄가스 발전, 500만톤의 바이오디젤(에탄올) 공급 계획을 추진 중에 있다. 또한, 온실가스 감축을 위해 2005년 2%이던 수송 연료 중 바이오연료가 차지하는 비중을 2020년까지 20% 수준으로 끌어올릴 계획이며, 이를 바탕으로 한 EU의 바이오매스 시장 전망은 <표 16>과 같다.

〈표 16〉 EU의 바이오매스 시장

(단위 : 억$, %)

구분	2002년	2005년	2010년	CAGR
바이오가스	30	110	144	17.0
바이오디젤	15	19	21	3.4
바이오에탄올	12	22	30	9.6
합 계	57	151	195	13.1

* CAGR : Compound Annual Growth Rate

일본의 경우는 20년 이상의 장기 시나리오에 따라 에탄올 공급 및 체제 정비를 진행 중에 있으며 가시적 성과는 2010~2015년 정도가 되어야 나타날 것으로 전망하고 있다. 이미 에탄올 보급 인프라에 3500억엔 이상을 투자한 일본은 오키나와나 미야코와 같은 지역에서 E3를 통한 자급 시스템을 시험 중에 있으며, 부족한 에탄올 확보를 위해 브라질은 물론, 원료가 풍부한 동남아시아 지역으로까지 진출하고 있다. 일본의 알콜 판매는 브라질 국영석유공사이자 세계 최대 연료용 에탄올 공급 기업인 페트로브라스(Petrobras)와 합작하여 '日伯(일백)에탄올'을 설립하였으며 브라질산 에탄올에 대한 장기 안정공급 체계를 마련하였다. 경제 산업성 등의 정부 차원의 접촉을 통해서는 공급 기반을 더욱 견고하게 하였으며, 신

에너지산업종합개발기구(NEDO)를 중심으로 인디아, ASEAN, 중국 등지에서 사탕수수, 카사바 등은 물론 왕겨, 폐유, 축산 폐기물에 이르기까지 다양한 에탄올 원료에 대한 생산과 이용 실태 조사에 들어간 상태이다. 또한, 태국정부와는 제당 공정 관련 에탄올 생산모델 사업 실시에 대한 기본협정을 체결하기도 하는 등의 빠른 움직임을 보였으며, 일본의 바이오매스 시장은 <표 17>에 나타나는 것과 같다.

〈표 17〉 일본의 바이오매스 시장

(단위 : 억엔, %)

구분	2001년	2003년	2005년	CAGR
탄화	425	690	1,070	26.0
바이오가스화	280	400	1,000	37.5
바이오디젤	110	200	300	28.5
목질계 바이오매스 발전	500	360	430	-3.7
바이오에탄올	0	0	1,200	-
합　　계	255	304	1,480	44.4

* CAGR : Compound Annual Growth Rate

중국에서의 매년 이용 가능한 바이오매스는 표준석탄 기준으로 약 5억 톤에 달하는 것으로 보고되고 있는데, 주로 농업 폐기물로서 각 분야에서 생산 가능한 바이오 에너지를 살펴보면 다음과 같다.

농작물 줄기의 경우, 매 년 생산량이 약 7억 톤에 달하고 이를 통해 에너지 용도로 사용할 수 있는 것이 표준석탄 기준으로 약 1.5억 톤에 달하는 것으로 보고되고 있으며, 공업 유기폐수와 가축양식장의 폐수자원을 통해서는 이론상으로는 5700만 톤에 달하는 것으로 나타난다. 또한, 신탄림, 임업 및 목재가공 폐기물자원을 통해서 약 3억 톤, 도시 쓰레기에 의해서는 매 년 약 1300만 톤을 대체할 수 있는 것으로 보고되고 있으며, 이 외에 오일재료, 전분류를 함유한 작물을 통해서도 액체 연료를 만들어 쓸 수 있는 것으로 보고되고 있다.

이와 같이 풍부한 자원을 가지고 있는데도 불구하고 중국의 바이오매스 개발에 있어서의 문제점은 신기술의 개발이 부족하고 기술 이용이 단일하다는 점과 자원이 분산되어 수집의 어려움 때문에 바이오매스 이용 프로젝트의 규모가 아주 작다는 점, 그리고 과학기술 연구로의 낮은 투자 때문에 기술수준이 낙후하고 그 결과로 저수준의 중복 연구가 많아 일부 핵심기술을 해결할 수 없다는 점들이 있다. 그러나 중국은 임업 바이오매스 원료가 풍부하고, 약 1억 헥타르에 달하는 산지, 간석지, 알칼리성 토지 등 변두리 토지들을 활용하여 비식량 에너지작물을 재배하여 이용할 수 있다는 장점과 농·임업 폐기물 모두를 바이오매스 원료로 사용할 수 있기 때문에 매 년 생산되는 식량 5억 톤, 농작물 7억 톤에 달하는 모두를 바이오매스의 원료로 보았을 때, 2050년에서의 중국 바이오매스의 발전량은 약 5900억kwh에 달할 것으로 예상된다.

이외 더불어 중국 발전개혁위원회의 바이오매스산입 11차 5년 발전계획에 따르면 지역 특색, 기술혁신과 에너지 절약 및 환경 보호를 내세워 중국의 바이오매스산업을 적극 육성할 것을 명시하고 있으며, 주로 에너지 식물, 에틸알콜, 생물디젤유, 바이오매스 발전과 열공급, 바이오매스의 치밀 성형 연료를 포함하고 있다.

2.2 면실유의 솝스톡(soapstock)과 지방산 메틸에스테르 합성 관련 기술

2.2.1. 제조 공정

바이오디젤을 합성하는 트랜스에스테르 반응은 가역 반응으로서, 일반적으로 100kg의 triglyceride(TG)와 10kg의 methanol을 사용하여 약 100kg의 바이오디젤과 약 10kg의 글리세롤을 얻을 수 있다.

이를 위한 제조 공정 반응은 대략 65℃, 14kg/cm^{2}의 조건에서 수행되며, KOH, NaOH, $NaOCH_3$ 같은 알칼리 촉매를 이용하고 있다. <그림 13>와 같이 유지에 함유되어 있는 유리지방산(free fat acid)은 알칼리촉매와 반응하여 비누화 생성물과 물이 대량 배출되며, 바이오디젤에 대한 수율이 낮고 반응에 사용되는 촉매가 소모되어 세척공정과 건조공정이 필요하게 된다.

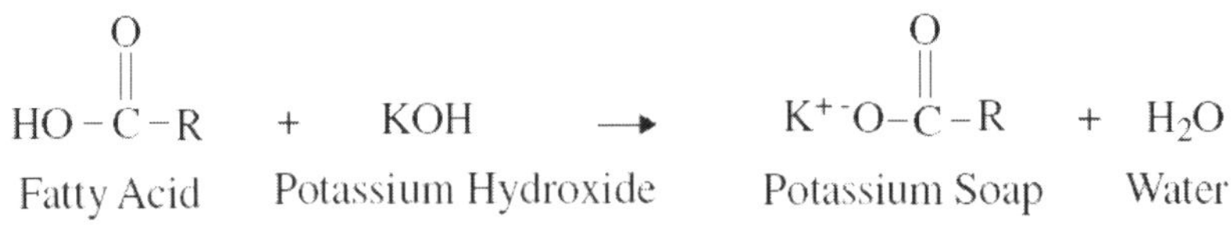

〈그림 13〉 알칼리 공정에서 바이오디젤 합성 시의 비누화 반응

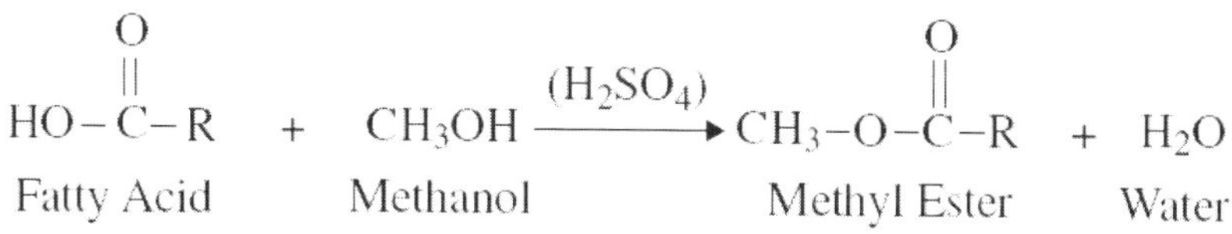

〈그림 14〉 원료의 전처리 공정을 통한 지방산의 바이오디젤 전환 방법

만약, 유지에 함유된 지방산이 5wt% 이상이 되면 바이오디젤 수율이 매우 낮아져 분리공정이 어려워지게 되는데, 이를 전처리공정에서 제거하기 위해 가장 널리 사용되는 방법으로는 황산과 같은 강산 촉매 또는 고체 산촉매(solid acid catalyst)를 첨가하는 방법이 있다. 이와 같은 방법을 통해 <그림 14>과 같이 유지에 함유된 지방산을 바이오디젤로 변환시키는 공정이 알려지고 있다.

<그림 15>은 전형적인 알칼리 촉매를 사용하는 2단계 에스테르 교환반응을 통한 바이오디젤의 세조공정을 나타내었는데, 알칼리 촉매 공정에서는 비누화 반응 부산물과 알칼리 촉매를 중화하기 위해서 강산이 필요하며, 이 외에 중화 공정, 수세척 공정, 건조 공정 등의 복잡한 분리정제 공정도 필요하다.

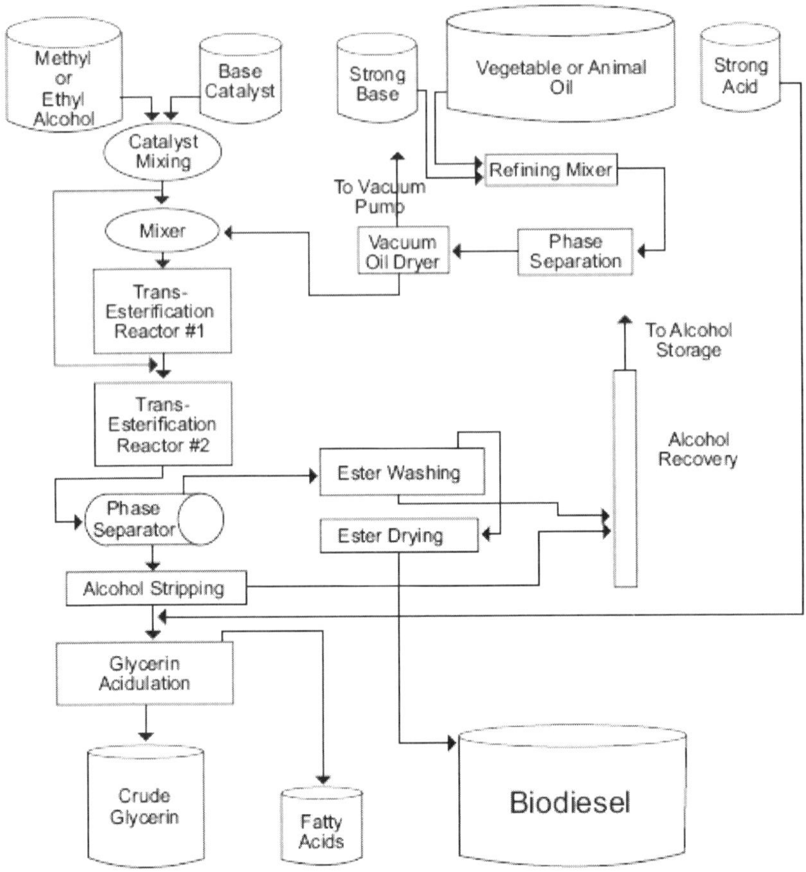

〈그림 15〉 알카리 촉매를 이용한 바이오디젤 제조 공정도

2.2.2. 초임계 공정

초임계 상태의 물과 초임계 상태의 알코올은 다른 첨가물을 전혀 넣지 않는 상태에서 산성을 띠게 되며 이러한 장점

으로 인해 무촉매 반응의 용매와 동시에 반응물로서 사용되는 합성 반응으로의 응용이 늘어나고 있는 실정이다.

초임계 상태에서의 유체는 임계 온도와 임계 압력 이상에 있을 때 나타나는 상태의 물질을 말하며, 고체, 액체, 기체와 구별되는데, 특성은 분자의 종류와 분자사이의 상호작용에 따라 결정된다. 액체는 비압축성이기 때문에 분자간 거리는 거의 변하지 않아 온도 압력에 따른 용매로서의 물성의 변화가 거의 없으나, 초임계 유체의 경우에는 밀도를 저밀도 상태에서부터 고밀도 상태까지 연속적으로 변화시킬 수 있기 때문에 유체의 용해 능력, 전달물성(점도, 확산계수, 열전도도) 뿐만 아니라 용매화 및 분자집단화 상태를 조절할 수 있다.

이러한 영향으로 초임계 상태의 물(T_c=374℃, P_c=221bar)은 수소 결합이 약해지면서 유전체 상수(dielectric constant)가 상온 상압의 물이 갖는 80이 아닌 10이하의 값으로 떨어지게 되어 극성 용매에서 비극성 용매로 바뀌게 된다. 이와 같이 분자간의 결합이 약해지면서 소금과 같은 무기염은 용해하지 못하지만, 벤젠과 같은 유기화합물과 산소, 수소 등과 같은 기체를 완전히 녹임으로써 그 자체가 산화염기 촉매로서의 기능을 가지게 된다. 이를 통해 미세입자의 제조나 난분해성물질의 분해반응, 합성반응, 라디칼반응, 이온반응의 제어가 가능하게 되는 것이다.

바이오디젤 합성 시에 사용되는 메탄올의 경우에도, 초임계 메탄올(T_c=240℃, P_c=81bar)은 극성용매와 탄화수소의 용해도가 매우 크기 때문에 알킬화반응, 플라스틱 재활용 반응 공정에서 촉매를 사용하지 않고서도 생성물에 대한 수율과 선택성을 매우 높여 <그림 16>과 같은 에너지 절약형 공정으로의 전환 기술로 개발·이용되고 있는 중이다.

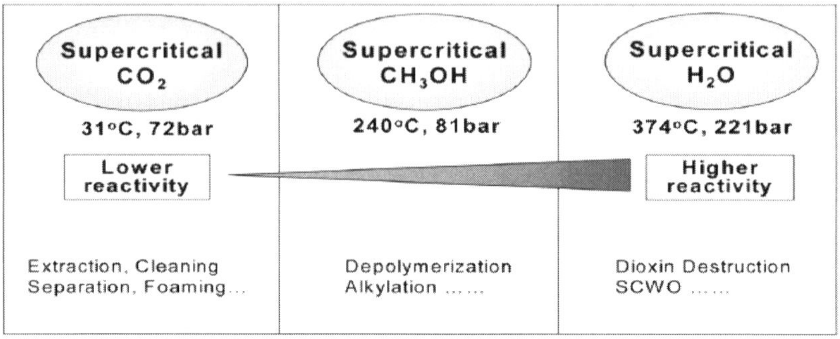

〈그림 16〉 초임계 유체의 특성과 활용

<표 18>은 액상 메탄올과 초임계 메탄올의 특성을 나타낸 것으로, 초임계상태에서 dielectric constant가 7.2로 상온, 상압에서의 32.6과 큰 차이를 보이는 것을 확인할 수 있다. 이로 인해 반응 원료인 유지가 상온, 상압에서는 혼합되지 않던 기름과 메탄올이 서로 섞이게 됨으로써 단일상에서 반응이 진행되는 장점을 가지고 있다.

〈표 18〉 액상 메탄올과 초임계 메탄올의 특성

특성	액상 메탄올 (25℃, 1bar)	초임계 메탄올 (250℃, 200bar)
Density(g/cm^3)	0.80	0.27
Ionic product, log kw	-0.77	N/A
Dielectric constant	32.6	7.2
Viscosity, Pa·s	5.4×10^{-4}	0.58×10^{-4}
Hydrogen bonding No.	1.93	< 0.7
Solubility parameter, $(MPa)^{1/2}$	7.1	4.1

일반적으로 생산되고 있는 바이오디젤은 알칼리 촉매공정으로서 약 65℃에서 1~8시간의 반응시간을 가진다. 반응 동안에는 메탄올과 유지의 2상으로 존재하기 때문에 액-액의 계면에서 반응이 일어나며, 산, 알칼리 촉매와는 극성 문제 때문에 반응시간이 길어지는 단점을 가지고 있다. 반면, 초임계 공정에서는 액상의 메탄올이 가지고 있는 dielectric constant가 감소되고, 기름과 메탄올의 상호 용해도가 증가하여 단일상으로 되기 때문에 반응 시간이 짧아지는 장점이 있다.

이와 같은 장점으로 인해 초임계 공정을 통한 바이오디젤의 사용량이 점차 증대되고 있는 실정이며, 이 때문에 여러 기술의 경쟁을 통해 분리·정제 공정이 복잡해지고 수율이 낮은 기존 공정을 대체 할 수 있는 새로운 개념의 프로세스가 요구되고 있다.

초임계 공정은 비교적 짧은 반응시간에 촉매를 사용하지 않고 바이오디젤을 얻어 낼 수 있다는 장점은 있으나, 고온, 고압에서 이루어져야 하며 많은 양의 알코올을 사용해야 하기 때문에 반응 시스템의 설비 투자비가 많이 든다는 단점을 가지고 있다. 이에 반해, 촉매를 사용하지 않기 때문에 반응 공정 후 중화 공정, 비누제거 공정인 세척 공정, 건조 공정, 폐수처리 공정 등이 없는 단순 프로세스의 구성을 통해 반응 시스템의 설비투자를 감수할 수 있다는 장점도 가지고 있다.

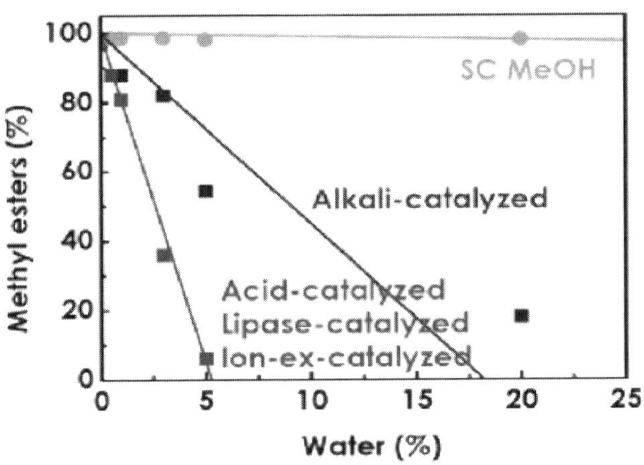

〈그림 17〉 수분 함량에 따른 바이오디젤의 수율

또한 <그림 17>에 나타난 것처럼 초임계 공정의 경우에는 유지 중에 수분이 함유되어 있어도 바이오디젤의 수율에 전혀 영향을 미치지 못한다는 것을 알 수 있다. 반면에 일반 액상 촉매 반응에서는 원료에 수분이 약 5% 정도 함유되어 있는 경우, 알칼리 촉매 공정은 수율이 약 30% 감소했으며, 산 촉매 공정에서는 반응이 거의 진행되지 않는 것을 알 수 있다.

<표 19>은 상용화된 액상 촉매 반응 공정과 초임계 공정의 특징을 비교한 것으로 초임계 공정이 일반 공정에 비해 많은 장점을 지니고 있다는 것을 확인할 수 있다.

〈표 19〉 일반 액상 촉매 반응 공정과 초임계 공정의 특징

	일반 액상 촉매 반응 공정	초임계 공정
Reaction time	1-8h	120~240s
Reaction conditions	0.1 MPa, 30-65℃	> 8.09 MPa, > 239.4℃
Catalyst	Acid or alkali	None
Free fatty acids	Saponified products	Methyl esters
Yield	Normal	Higher
Removal for Purification	Methanol, catalyst and Saponified products	Methanol
Process	Complicated	Simple

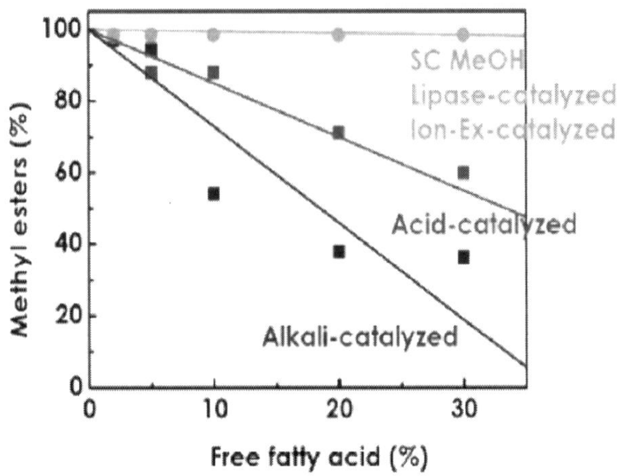

〈그림 18〉 유리지방산 함량에 따른 바이오디젤 수율

<그림 18>은 원료 중에 유리지방산(free fatty acid)이 함유되어 있을 경우, 각각의 공정에서의 바이오디젤 수율을 비교한 것이다.

유리지방산이 약 30% 정도 함유되었을 때, 알칼리 촉매 공정은 중화 반응인 비누화 반응이 진행되어 촉매를 모두 소비하기 때문에 반응이 전혀 진행되지 않는 반면에 비누화 반응이 없는 산촉매 공정에서는 자유지방산이 에스테르화 반응에 의하여 바이오디젤로 전환됨과 동시에 물을 생성하기 때문에 반응의 진행을 방해하여 약 40%의 수율이 감소한 것을 알 수 있다.

이에 반해 초임계 공정의 경우에는 원료에 포함된 유리지방산이 모두 바이오디젤로 전환되기 때문에 부산물로 생성된 물이 반응 진행에 영향을 주지 않아 수율의 저하가 일어나지 않는 것을 알 수 있다.

이상에서와 같이 초임계 공정은 촉매가 필요하지 않고 수분과 유리지방산의 함량이 높아도 바이오디젤의 수율에 있어서는 거의 영향을 미치지 못하기 때문에 폐식용유를 처리하는데 있어서도 경제적인 공정을 설계하는 것이 가능하다.

<표 20>은 유리지방산과 수분의 함량에 따른 알칼리촉매 공정, 산촉매 공정, 초임계 공정에서의 바이오디젤 수율을 비교한 결과를 나타낸 것이다.

〈표 20〉 유리지방산과 수분의 함량에 따른 바이오디젤 수율 비교

Vegetable oil	FFA content (wt %)	Water content (wt %)	Yield of methyl esters, wt%		
			Alkaline -catalyzed	Acid -catalyzed	Supercritical methanol
유채꽃씨유	2.0	0.02	97.0	98.4	98.5
팜유	5.3	2.1	94.4	97.8	98.9
사용된 유탕기름	5.6	0.2	94.1	97.8	96.9
폐팜유	> 20.0	> 61.0	No reaction	No reaction	95.8

유채꽃씨유를 원료로 사용하는 경우, 유리지방산과 수분의 함량이 비교적 적기 때문에 3가지 공정 모두 97% 이상의 바이오디젤을 제조할 수 있는 것으로 나타난 반면, 5% 이상의 유리지방산이 함유된 팜유 또는 사용된 유탕기름의 경우에는 유리지방산과 알칼리촉매의 중화반응을 통해 비누화가 이루어지기 때문에 94% 수준의 수율을 보이는 것으로 나타났으며 산촉매 공정이나 초임계 공정에서는 97% 이상의 바이오디젤 수율을 보이는 것으로 나타났다. 그리고 유리지방산 함량과 수분 함량이 각각 20%와 61% 이상인 폐팜유의 경우에는 알칼리 촉매 공정과 산촉매 공정에서 거의 반응이 진행되지 않는 것으로 나타났으며, 초임계 공정에서는 약 96%의 바이오디젤 수율을 얻는 것으로 나타났다.

이와 같은 결과로 미루어 볼 때, 초임계 공정은 수분과 유리지방산의 함량에 크게 영향을 받지 않고, 폐식용유 등과 같은 자원을 전처리 공정을 수행하지 않고서도 경제적으로 연료화 할 수 있는 장점을 가진 공정임을 알 수 있다.

<그림 19>은 초임계 메탄올을 이용한 1단계 바이오디젤을 생산 공정도를 나타낸 것으로서 분리·정제 공정을 단순화 할 수 있는 장점을 가지고 있으며, 또한 반응에서 수반된 열을 이용하여 증류에 사용할 수 있기 때문에 증류 공정에서의 에너지를 절약함으로써 경제적인 분리 공정을 할 수 있다는 장점도 있다.

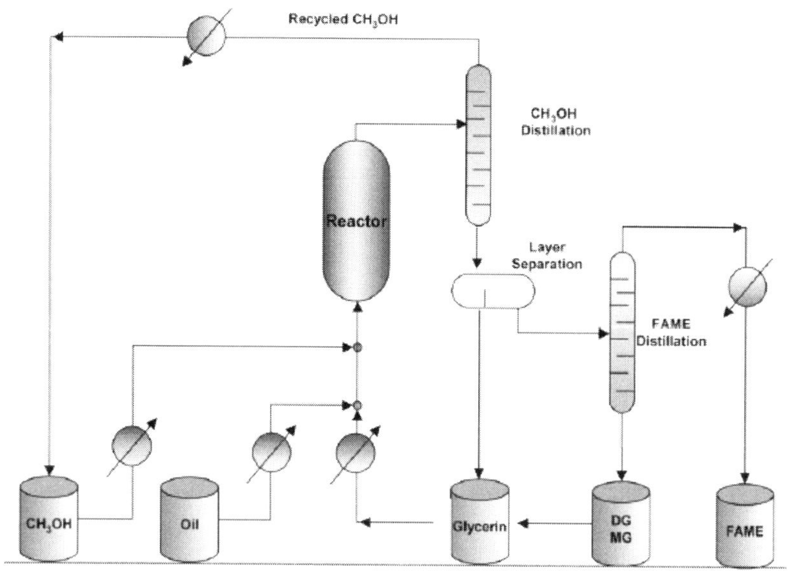

〈그림 19〉 초임계 공정을 이용한 1단계 바이오디젤 생산 공정도

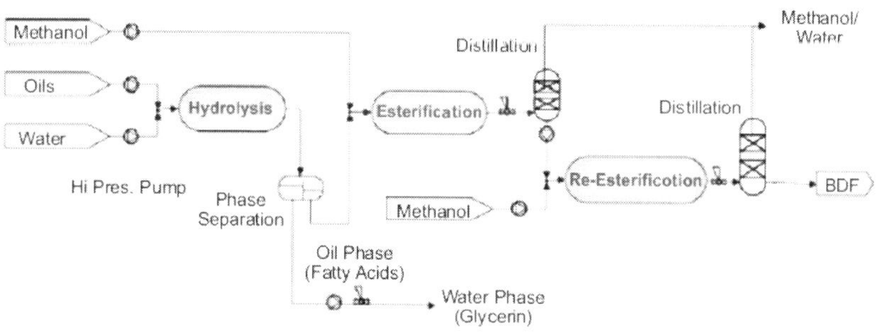

〈그림 20〉 초임계 공정을 이용한 2단계 바이오디젤 생산 공정도

〈표 21〉 바이오디젤 생산에 이용되는 제조 공정의 비교

Variable	Alkali catalysis	Lipase catalysis	Supercritical alcohol	Acid catalysis
Reaction temperature(℃)	60~70	30~40	239~385	55~80
Free fatty acid in raw materials	Saponified products	Methyl esters	Esters	Esters
Water in raw materials	Interference with reaction	No influence		Interference with reaction
Yield of methyl esters	Normal	Higher	Good	Normal
Recovery of glycerol	Difficult	Easy		Difficult
Purification of methyl esters	Repeated washing	None		Repeated washing
Production cost of catalyst	cheap	Relatively expensive	Medium	Cheap

최근에 들어서는 <그림 20>과 같은 유지를 수화 반응시킨 후, 생성된 지방산을 초임계 메탄올과 에스테르 반응시키는 2단계 공정이 도입되기도 하였으며, <표 21>은 이상에서 언급한 바이오디젤 공정들을 비교하여 나타낸 것이다.

초임계 공정을 이용한 바이오디젤의 제조 공정은 원료인 메탄올을 초임계 상태로 유지시키면서 또 다른 원료인 기름과 균일상에서 반응하기 때문에 반응 시간이 매우 짧다는 특징을 가지고 있다. 이와 함께 촉매를 사용하지 않아서 전처리 공정이 따로 필요 없고, 또한 알칼리촉매가 없어 부산물로 비

누가 생성되지 않기 때문에 바이오디젤의 손실이 없고 알칼리촉매 공정에서 반드시 거처야 하는 중화 공정, 세척 공정, 건조 공정 그리고 폐수처리 공정 등이 없기 때문에 매우 경제적인 분리정제 공정을 설계할 수 있다는 장점도 지니고 있다. 이러한 초임계 공정을 통해서 국내에서 폐기되는 약 20만톤의 폐식용유의 재활용에 가장 적합한 공정으로 이를 활용한다면 막대한 에너지 회수효과와 이산화탄소 삭감효과 그리고 환경개선효과를 기대할 수 있을 것이라 사료된다.

2.3 동식물 유지의 공비(azeotropy)증류에 의한 메틸에스테르화 기술

2.3.1. 제조 공정

현재 상용화 공정에 의해 제조되는 거의 모든 바이오디젤은 아래 식(1)에서 나타나는 것과 같이 기름 1몰, 알코올 3몰과 함께 촉매를 넣고 반응시켜 3몰의 바이오디젤과 1몰의 글리세린을 생성한다.

$$\text{식물성 기름} + \text{3몰 알코올} \xrightarrow{\text{촉매}} \text{3몰 바이오디젤} + \text{글리세린} \quad (1)$$

이와 같은 반응에 사용되는 촉매로는 산·알칼리 촉매 모두 적용이 가능하지만, 일반적으로 반응 활성이 높은 알칼리 촉매가 흔히 사용되며, 촉매에 따른 운전 특성은 <표 22>에 나타나는 것과 같다.

효율적인 바이오디젤 생산 공정의 설계를 위해서는 반응 특성을 먼저 이해하고, 이러한 특성을 고려해야 공정 효율을 높일 수 있는데 촉매의 선정과 반응기 설계가 이를 위한 중요한 고려인자로 작용한다.

〈표 22〉 촉매에 따른 운전 특성

	산 촉매 공정	알칼리 촉매 공정
운전 압력	최대 80기압	최대 9기압
운전 온도	최고 250℃	최고 100℃ (통상 60~80℃)
반응 시간	2~4시간	10~30분
대상 원료	유리지방산 함량이 높은 원료(2% 이상)	유리지방산 함량이 낮은 원료(2% 이하)

2.3.2. 반응기 설계

바이오디젤 생산에 있어서 소규모 또는 원료의 성상이 일정하지 않은 것을 이용할 경우에는 회분식 반응기를 사용하고, 원료 성상이 일정하고 생산 규모가 크면(용량 4,000kℓ/년 이상) 연속 공정을 적용하게 된다. 대규모 용량에 적합한 연속식에 주로 사용되는 반응기로는 관형 반응기(plug flow reactor, PFR)와 연속 교반 반응기(continuous stirred tank reactor, CSTR)가 있는데, 이 중 반응 속도론 측면을 고려하면 생성물 농도를 낮게 유지할 수 있는 PFR이 유리하지만 균일한 혼합을 고려하면 교반이 가능한 CSTR이 유리한 것으로 알려지고 있다<그림 20>.

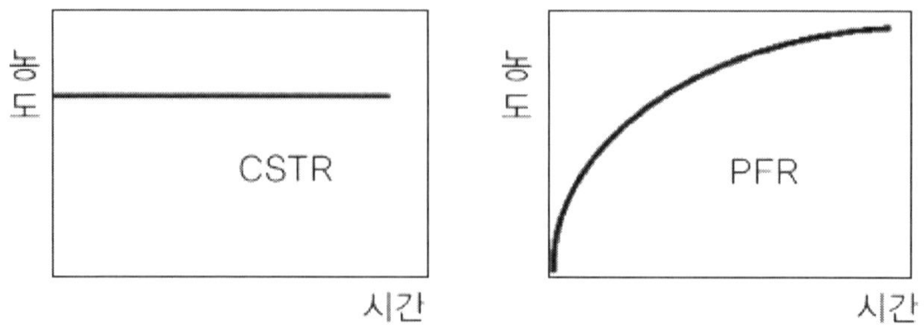

〈그림 20〉 PER과 CSTR의 생성물 농도 곡선

장치비 측면에 있어서는 투자비가 낮은 관형 반응기가 유리하지만 관형 반응기 내에는 교반 장치가 없기 때문에 NaOH와 KOH 등의 친수성 촉매를 사용할 경우에만 반응이 진행되고, 글리세린 층이 분리되면 촉매가 분리된 글리세린 층으로 이동하면서 바이오디젤 중의 미반응 물질이 촉매의 부재로 인해 더 이상 전환되지 않게 되는 문제점을 가지고 있다.

이와 같은 문제를 해결하기 위해 기름과 바이오디젤 등의 비극성 용액에 친화성을 지닌 CH_3ONa 적용 기술이 개발되었으며, 관형반응기에서는 반응기 입구에 static mixer를 장치함으로써 반응 초기 혼합 효율을 높이고 반응기 내에서 와류 흐름을 유지하면서 균일한 혼합을 이루어지게 하는 기술이 독일 Henkel 공정으로 상용화 되었다. 또한, CSTR의 경우에는 생성물에 의한 반응 억제 문제를 최소화하기 위해 글리세린을 연속 분리하는 반응 시스템이 개발되었다.

2.3.3. 반응 촉매

2.3.3.1. 염기 촉매

염기 촉매는 반응 효율이 높고 부식성이 낮은 장점과 함께 정제된 원료에 대해서만 제한적으로 적용이 가능하다는 단점이 있다. 허용 함량에 있어서는 수율을 높이기 위해 유리지방산과 수분의 함량이 가능한 한 낮을수록 좋으며, 유리지방산의 경우는 0.5% 이하, 수분의 경우는 0.4% 이하로 제한되며, 만약 산가 또는 수분이 기준치보다 높을 경우에는 염이 생성되어 바이오디젤의 분리가 어렵고 수율이 낮아진다. 현재 바이오디젤 생산에 사용되는 염기 촉매로는 NaOH와 KOH 등의 친수성 촉매와 CH_3ONa가 있으며, 반응에 적용되는 촉매의 첨가량은 일반적으로 0.5~1.0%이다.

현재 사용되는 액상 촉매의 경우 규격에 맞는 바이오디젤을 제조하기 위해 복잡한 정제 과정이 요구되며 글리세린의 경우에도 순도가 낮아 고부가 원료로 활용하기 어려운 문제가 있는데, 이와 같은 문제의 해결을 위해 고체 염기 촉매 개발에 대한 연구가 활발하게 진행되고 있는 실정이다.

<그림 21>은 고체 촉매를 이용한 바이오디젤 공정을 나타낸 것으로써, 고체 촉매를 사용할 경우, 후처리 공정의 단순화가 가능하며 글리세린의 순도가 약 98%로 보다 높아지기 때문에 고부가 물질 생산 원료로 직접 활용 가능하다는 장점이 있으며, 한 예로 프랑스의 Axen사가 고체 촉매를 이용한 바이오디젤 생산 공정에 적용한 바가 있다.

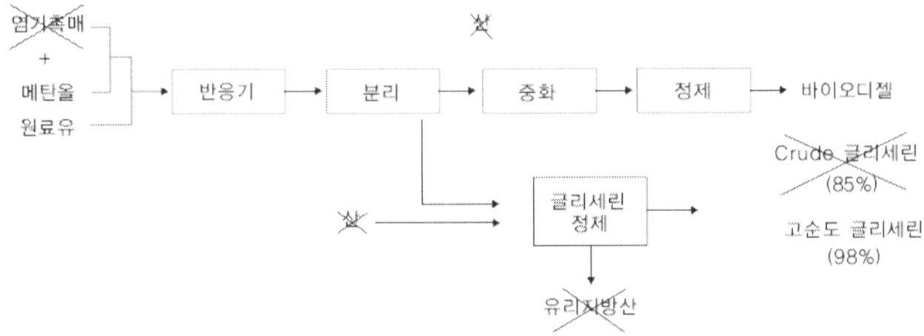

〈그림 21〉 고체 촉매를 이용한 바이오디젤 생산 공정

2.3.3.2. 산 촉매

산 촉매의 경우, 기름에 대한 반응 효율이 낮기 때문에 특별한 경우를 제외하고는 바이오디젤 생산 공정에 사용하지 않는데, 사용할 경우에는 일반적으로 증기압이 높은 황산이 안전성 측면에서 우수하여 촉매로 사용된다. 산 촉매는 수율이 매우 높다는 장점과 함께 반응 시간이 길고 과량의 알코올을 필요로 하며, 장치 부식과 폐수 발생 등의 문제점을 가지고 있다. 통상 반응 조건인 촉매 1% 첨가 및 기름 대비 알코올 몰 비가 30인 조건에서 반응이 완료되는데 약 50시간이 소요되기 때문에, 산 촉매는 유리지방산 함량이 높은 유지에 대해서 유리지방산 제거 목적으로만 흔히 사용된다.

산 촉매의 경우에도 염기 촉매와 마찬가지로 고체 촉매에 관한 연구가 활발히 이루어지고 있는 실정이며, 이와 같은 촉매로써 강산성 이온교환수지와 무기계 고체 산 촉매 등이 있다. 고체 산 촉매의 경우, 황산에 비해 가격이 비싸긴 하지만 재사용이 가능하고 폐수 발생의 문제가 없기 때문에 상용화의 적용 검토 단계에 있으며, 향후 보급이 본격적으로 늘어날 것으로 판단된다.

2.3.3.3. 생산 공정 개발

바이오디젤의 생산 비용에 있어서, 원료 가격이 약 80%를 차지하기 때문에 수율을 높이거나 보다 값 싼 원료의 사용을 통해 바이오디젤의 생산 비용을 낮추는 것이 필요하다. <그림 22>는 정제 식물유를 이용한 바이오디젤 생산 공정도를 나타낸 것으로, 정제 식용유를 원료로 사용할 경우, 대부분의 상용화 공정에서의 수율이 99% 이상이므로 수율 향상에 의한 원가 절감은 실질적으로 어려울 것으로 판단된다. 따라서 보다 저렴한 원료의 사용이 바이오디젤 생산단가를 낮추는데 중요한 요인으로 작용하는데, 이와 같은 원료로는 폐식용유 등과 같은 폐유지가 대표적이지만, 이들은 대개 유리지방산의 함량이 높아 알칼리 촉매를 직접 사용할 경우, 바이오디젤 수율이 낮아지는 문제점이 가지고 있다.

따라서 원료 중의 산가가 2를 넘는다면(유리지방산 함량 1% 이상) <그림 23>과 같이 먼저 산 촉매를 이용하여 유리지방산을 바이오디젤로 전환하고, 이를 통해 산가를 충분히 낮춘 후 염기촉매를 사용하는 2단 공정의 적용이 필요하다.

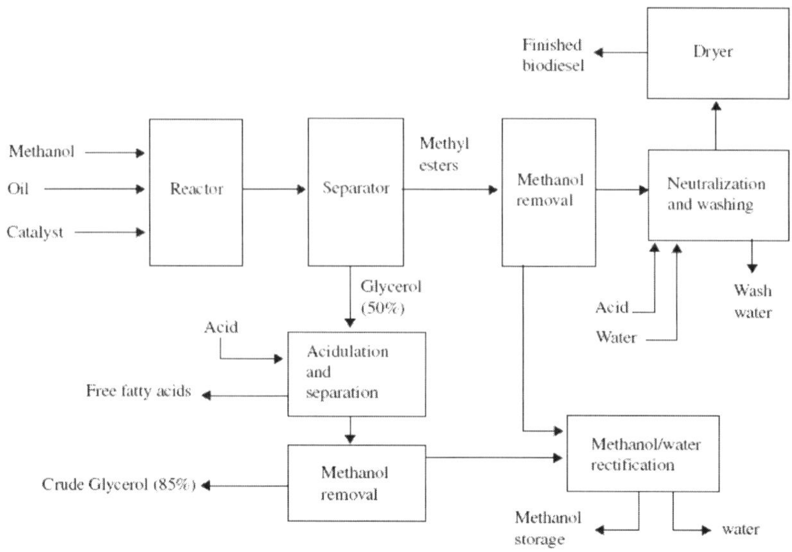

〈그림 22〉 정제 식물유로부터의 바이오디젤 생산 공정

산 촉매

1단계: 유리지방산 + 메탄올 ----------〉 바이오디젤 + 물

염기 촉매

2단계: 유지 + 메탄올 ----------〉 바이오디젤

〈그림 23〉 2단계 바이오디젤 생산 공정

이와 같은 2단계 공정은 산가가 높은 일부 식물성 원료유(예: 자트로파유)로부터 바이오디젤 생산 시에도 적용하는 것이 필요하다.

현재 바이오디젤의 중요성이 인식되면서 바이오디젤의 보급이 빠르게 증가하고 있지만 바이오디젤의 낮은 가격 경쟁력이 보급을 늘리는데 중요한 걸림돌로 작용하고 있기 때문에 경제성 있는 바이오디젤 생산 기술의 개발이 요구되고 있으며, 이와 부합하여 화학촉매를 사용하는 신기술 개발 연구가 진행되고 있다. 이 같은 기술 개발의 한 예로서 이상에서 언급한 액상 촉매의 고체 또는 무 촉매로 대체하는 바이오디젤 생산 기술이 부각되고 있는 실정이다. 고체 촉매를 사용할 경우, 현재 진행되는 공정에 비해 부가가치가 높은 고순도의 글리세린을 부산물로 얻을 있으며 바이오디젤의 생산단가를 낮추는데 큰 도움이 될 것으로 예상된다. 이와 함께 폐식용유 등의 폐유지와 자트로파유와 같은 신 원료를 활용한 바이오디젤 연구도 활발하게 진행되고 있는데, 이와 같은 폐유지 또는 신 원료의 경우에도 다량 포함된 유리지방산 때문에 산 촉매의 사용이 불가피하며, 이 때 사용되는 황산 등의 액상 촉매를 대체할 수 있는 고체 산 촉매에 대한 기술 개발이 보다 활발히 이루어질 것으로 예상된다.

2.4 아실기 수용체의 효소법에 의한 짧은 사슬 지방산에스테르 바이오디젤화 기술

바이오디젤 생산 방법에 있어서 최근 전 세계적으로 산·염기 촉매를 이용한 화학적인 방법이 주를 이루고 있는데, 이 같은 화학적 방법은 바이오디젤 합성 시에 반응속도가 빠르다는 장점을 가지고 있지만, 다단계 공정을 필요로 하고 촉매로 인해 엔진의 부식을 유발시켜 생산 공정에서 반드시 중화 공정이 요구되는 단점도 가지고 있다. 이 밖에 부산물로 얻어지는 글리세롤에 있어서도 촉매를 함유하고 있기 때문에 제품화를 위해서는 분리공정을 거쳐야 하는 번거로움도 있다. 이와 같은 단계를 거침으로써 부산물 회수의 어려움 외에도 폐수발생에 따른 환경문제를 야기하기도 하는데, 이로 인해 향후 대규모 바이오디젤의 수요를 충족시킬 수 있는 저에너지 및 친환경적 신공정의 필요성이 대두되고 있다.

이와 같은 신공정의 필요성에 부응하여 최근에는 바이오디젤 생산 공정으로서 리파아제(lipase)를 촉매로 이용한 효소 공정에 관한 연구가 많이 진행되고 있는 실정이다. 이러한 효소 공정은 엔진을 부식시키는 화학촉매가 존재하지 않아 분리·정제 공정을 단순화 시킬 수 있을 뿐만 아니라 부산물로 얻어지는 글리세롤을 제품화하여 바이오디젤의 생산단가를 낮출 수 있는 이점도 가지고 있다.

이와 같이 효소공정을 이용할 경우, 환경오염문제를 유발하지 않기 때문에 친환경적인 공정을 개발할 수 있으나, 효소를 이용한 바이오디젤 생산 공정은 화학촉매를 이용한 공정에 비해 반응시간이 오래 걸리는 단점을 갖고 있다.

2.4.1. 효소 공정

최근에 들어서 효소를 이용한 바이오디젤의 생산 연구는 친환경 공정으로 인식되고 있을 뿐만 아니라, 화학 촉매를 이용한 방법보다 단순화된 공정으로 인해 이를 대체할 수 있는 대안으로서 많은 연구가 진행되고 있다.

이와 같은 방법으로 바이오디젤을 생산할 수 있는 대표적인 효소로는 리파아제가 있으며, 현재는 여러 균주의 리파아제가 사용되어 <그림 24>와 같은 효소 공정에 따라 바이오디젤의 생산에 기여하고 있다.

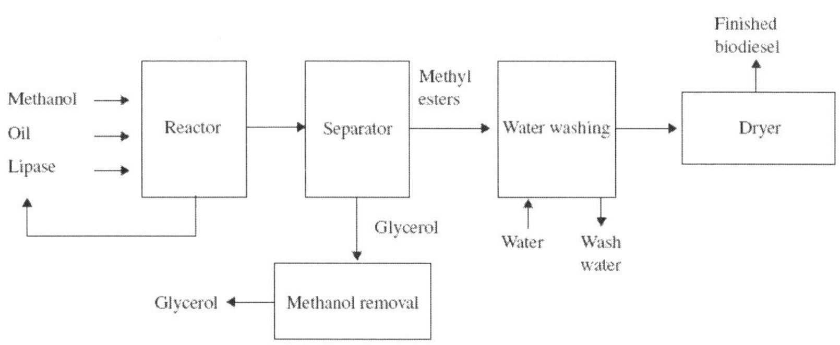

〈그림 24〉 효소학적 방법을 이용한 바이오디젤 생산 공정

여러 리파아제 중에서 주로 상업적으로 이용되는 효소인 *Candida antartica* 리파아제는 가수분해와 에스테르 반응의 2단계 경로를 1단계로 줄임으로써 직접적으로 반응을 진행시킬 수 있는 장점을 가지고 있을 뿐만 아니라, 효율적인 효소로 가장 많이 사용되고 있으나 탄소수가 긴 지방산의 경우에는 반응성이 낮아 에스테르화반응을 진행시킬 수 없다는 단점을 지니고 있다.

즉, 현재 바이오디젤의 원료로 급부상하고 있는 팜유나 자트로파 오일로의 적용이 어렵기 때문에, 이를 위해 바이오디젤 생산에 적합한 효소로서 가수분해 활성이 높은 효소와 에스테르화 반응 활성이 높은 효소를 적절히 혼합함으로써 화학 촉매 공정과 비교했을 때 반응시간을 현저히 줄일 수 있는 경쟁력을 가진 방법이 요구된다.

2.4.2. 효소 고정화

효소 공정에 의한 바이오디젤의 생산은 친환경적인 공정이라는 장점이 있지만 효소의 가격이 비싸기 때문에 생산 공정의 비용을 줄여야하는 필요성이 항상 대두되고 있는데, 이에 대한 해결 방안으로써 효소 고정화가 제안되고 있다.

효소 고정화는 담체를 이용함으로써 물리적인 흡착법과 화학적인 방법에 의해 진행되며 반응용액으로부터 분리가 용이하여 재사용이 가능하기 때문에 공정 내 비용을 줄이기 위한 적합한 방법으로 제안되고 있다.

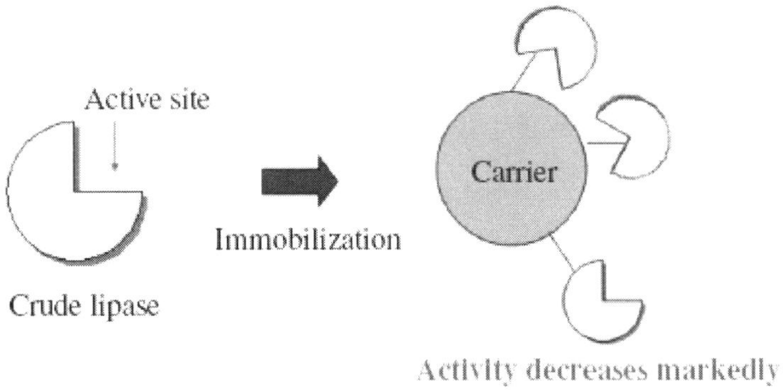

〈그림 25〉 공유 결합법에 의한 효소의 활성저하

고정화 방법으로는 담체에 고정된 효소의 물리적 특성의 증가를 위해 공유결합법이 많이 사용되고 있으나, <그림 25>과 같이 효소의 활성부위가 담체 쪽으로의 결합으로 인해 활성이 급격히 떨어지는 현상이 나타날 수 있다.

이러한 문제점을 해결하고 높은 생산성을 나타낼 수 있도록 전처리 물질을 이용하여 효소의 활성부위가 담체 쪽으로 고정화되지 않도록 하고 높은 활성을 유지할 수 있는 방법이 고안되었다.

<그림 26>는 효소의 활성저하를 막기 위한 전처리 방법을 나타낸 것으로, 이를 통하여 효소활성이 유지되고 높은 생산성을 유지할 수 있으며 친환경적 공정을 이용한 바이오디젤의 생산 공정이 개발될 수 있을 것으로 사료된다.

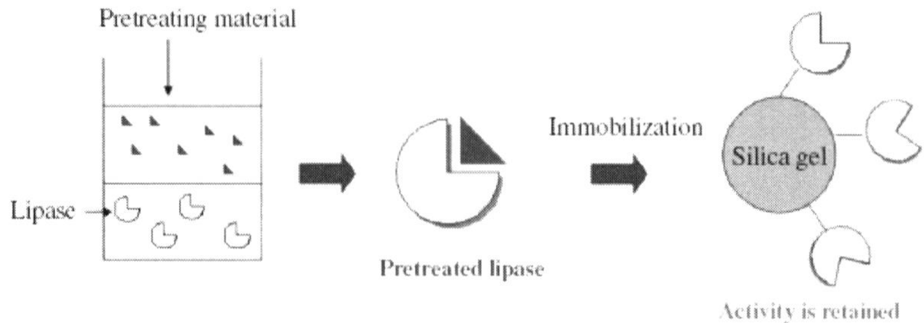

〈그림 26〉 효소의 활성저하를 막기 위한 전처리 방법

2.4.3. 초임계 상태에서의 효소반응

지금까지 보고되고 있는 효소적 방법은 바이오디젤 생산 공정의 반응속도가 느려 상업화하기에는 부적합한 것으로 판단되고 있으며, 이를 보완해 줄 수 있는 방법으로 초임계유체에 관한 연구가 진행되고 있는 실정이다.

한 예로 효소 공정에 초임계 유체를 적용한 장치를 <그림 27>에 나타내었으며, 이를 통한 초임계유체의 높은 용해력, 빠른 물질전달과 열전달, 낮은 점도, 높은 확산계수 그리고 낮은 표면 장력 등과 같은 특성은 기존 반응에서 겪던 기술적 어려움을 해결하고 효소 공정의 단점을 보완함으로써 바이오디젤의 상업화를 가능하게 할 수 있을 것으로 판단된다.

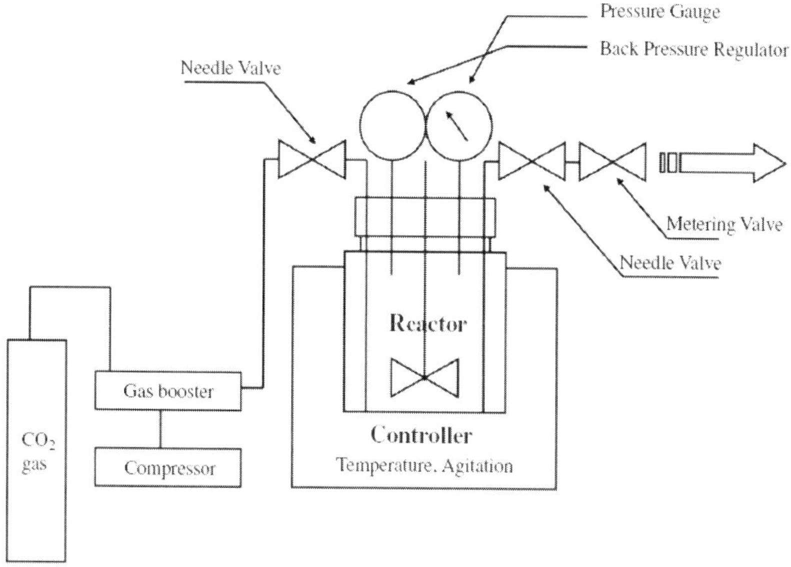

〈그림 27〉 초임계 유체를 적용한 효소 반응기

<그림 27>과 같은 초임계 유체를 적용한 반응기를 이용했을 경우, 상압 조건에서 보다 3~4배까지 반응속도가 증가되었으며, 이를 통해 생산 시간이 단축되었고 높은 점도 때문에 기질의 물질전달이 용이하지 않던 반응을 개선할 수 있었다. 또한 알코올의 추가유입 없이 반응을 진행시킬 수 있으며, 상업화로의 문제점을 개선하여 대량생산이 가능하고 단순화된 공정을 설계할 수 있을 것으로 예상된다.

3. 바이오디젤 산업화의 문제점

3.1. 기후환경변화에 따른 자원의 문제점

3.2. 식물성 기름 공급 난 및 해결방안

3.3. 식물성 기름 생산규모 확대 난

3.4. 바이오매스 공급 난 및 해결방안

3.1 기후환경변화에 따른 자원의 문제점

요즘에는 기후환경의 변화라는 말이 누구에게도 더 이상 낯설지 않을 만큼 자주 오르내리고 있는 실정이다. 이렇게 기후변화에 대한 인식이 높아지고 있다는 것은 또 다른 한편으로는 이상 기후를 자주 경험하거나 기후에 의한 재난을 갈수록 자주 목격하게 된다는 것을 의미한다.

환경부가 기후변화와 관련해서 실시한 국민의식 조사결과를 보면 우리나라 국민(13세 이상)의 대다수(97.3%)가 기후변화문제에 대해 알고 있었으며, 92.6%는 기후변화 정도가 심각하다고 인지하고 있는 것으로 나타났다.

이러한 심각성을 뒷받침하듯 IPCC(Intergovernmental Panel on Climate Change) 4차 보고서에 따르면 기후변화의 주원인인 이산화탄소의 농도 증가와 온도 상승은 2080년대에 지구 생물 대부분을 멸종 위기에 처하게 할 것이라고 경고했다. 그 예로서 2020년에 1도가 상승하면 양서류가 멸종되고 생물종의 구성 자체가 변하게 되며, 2~3도 상승하는 2050년대에는 생물의 20~30%가 멸종 위기에 맞닥뜨린다고 보고하였다.

이와 같은 지구온난화를 완화시키기 위해서 화석연료를 대체한 바이오 연료의 도입을 검토하였으며, 이를 통해 지구온난화 대책상의 효과를 검증하였다. 한 예로 바이오에탄올의 경우, <표 23>에서 보는 바와 같이 가솔린보다 이산화탄소 발생량이 약 6~39% 정도 높은 것으로 나타나지만, IPCC 가이드라인에 근거하는 산정 방법을 따를 경우에는 바이오연료의 연소에 수반하는 이산화탄소의 배출은 에너지 부문의 이산화탄소 배출량 산출에 포함되지 않기 때문에 이를 고려했을 경우에는 가솔린 배출량의 13~45%가 되는 것이다.

바이오디젤의 경우에도 IPCC 가이드라인에 따라 이산화탄소 배출량을 산정하면 일반 경유보다는 우위에 있으나, 해외에서 생산된 연료를 수입하는 경우에는 국내 배출권 계상에 포함되지 않는 것으로 보고되고 있다. <표 24>는 일반 경유와 바이오디젤의 온실가스 배출량을 비교한 것으로 바이오디젤이 일반 경유보다 이산화탄소 발생량에 있어서 약 20~48% 정도 큰 것으로 나타나지만, 이 또한 IPCC 가이드라인에 근거하여 산출할 경우에는 일반 경유 배출량의 28~55%가 되는 것으로 보고되고 있다.

〈표 23〉 가솔린과 바이오에탄올의 온실가스 배출량 비교

(단위 : kg CO_2/GJ)

구 분	가솔린	바이오에탄올
연소시	67.1	73.5
생산/유통 단계	11.3	10.3~35.2 (IPCC 가이드라인에 근거하여 산출하는 경우, 15.9~18.4)
계	78.4	83.1~108.7

〈표 24〉 경유와 바이오디젤의 온실가스 배출량 비교

(단위 : kg CO_2/GJ)

구분	경유	바이오디젤		
		수입BDF	폐식용유 생산	국내유채재배
연소시	68.6	68.6	68.6	68.6
생산/유통단계	5.3	20.6	28.7	40.6
계	73.9	89.2	97.3	109.2

이산화탄소의 배출량 저감 외에 분진, 불완전 연소 탄화수소, 일산화탄소, 산화질소, 산화황, 그리고 PAHs 등의 환경오염 물질 저감에 관해서는 <표 25>와 <그림 28>에 나타내었다.

〈표 25〉 바이오디젤 사용할 때의 오염물질 저감효과

	분진	불완전연소 탄화수소	일산화탄소	산화질소	산화황	PAHs
BD100	47% 감소	67%감소	48%감소	10%증가	배출 미미함	48.75% 감소
BD20	12% 감소	20%감소	12%감소	2%증가	-	13.49% 감소

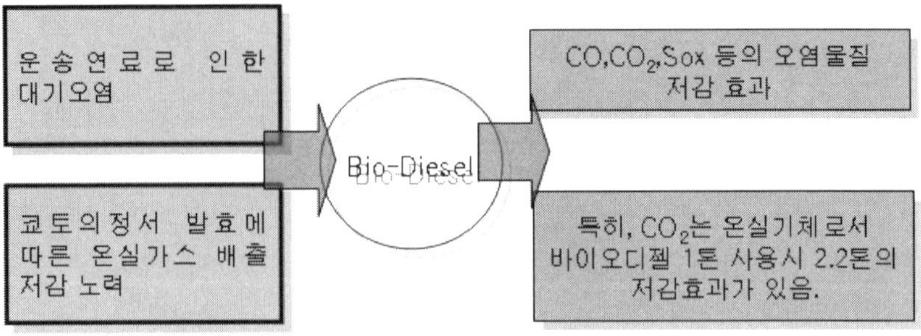

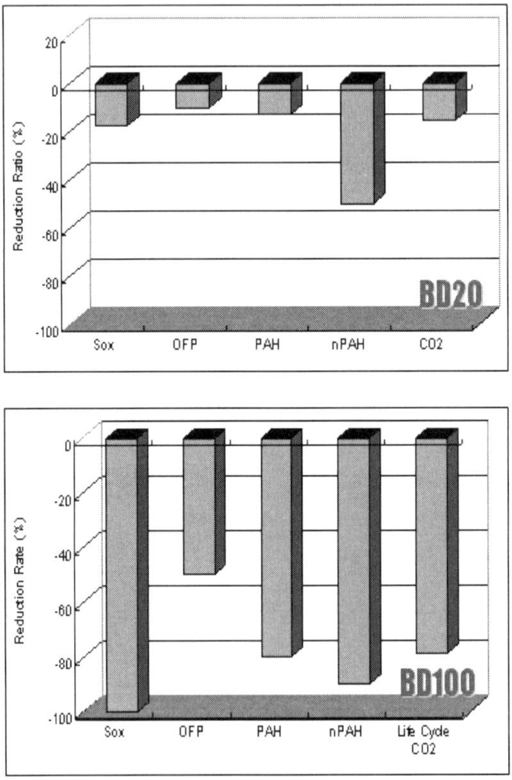

〈그림 28〉 BD20과 BD100의 오염물질 감소 효과

2002년 미국 환경보호국(이하 EPA)에서 발간된 바이오디젤의 배출에 대한 기술보고서에 따르면 미립자의 배출량에 있어서 BD100의 경우에는 47%, BD20의 경우에는 12% 감소하는 것으로 나타났다. 불완전연소 탄화수소의 경우에는 BD100은 67%, BD20은 20%의 감소를 보였으며, 일산화탄소는 BD100의 경우 48%, BD20의 경우에는 12%의 감소를 나타내었다. PAHs의 경우, 미국 Southwest Research Institute National 연구소가 조사한 바에 따르면 BD100에서는 48.75%, BD20에서는 13.49%의 감소를 보이는 것으로 나타났으며, 산화황의 경우에는 배출이 거의 없는 것으로 나타났다.

끝으로 산화질소는 연료 자체의 발생이 아닌 엔진 내부에서 질소와 산소의 반응에 의해 생겨나는 것으로 연소 방법에 따라 영향을 받는데, 배출량에 있어서 BD20은 2%, BD100은 10% 증가하는 것으로 보고하고 있으나 난방유의 대체물로 바이오디젤을 사용할 경우에는 오히려 산화질소 발생량이 감소하는 것으로 나타났다.

이와 같이 바이오연료를 이용한 온실가스 및 환경오염 물질의 저감을 위한 노력에도 불구하고 화석연료 중심의 에너지 생산 및 소비체제는 지속적으로 이산화탄소를 배출함으로써 기후변화의 주도적인 역할을 하고 있다. 이러한 기후 변화는 다른 산업에 비해 1차 산업에 보다 많은 영향을 미치게 되는데, 바이오연료 제조에 사용되는 주원료가 모두 1차 산업에서 생산된다는 점에서 무엇보다 큰 문제가 되고 있다. 예를 들자면, 동식물의 생육환경 변화로 인해 재배와 사육, 채취나 수확이 가능한 동식물 품종에 변화가 일어날 것이며 극단적으로는 날씨의 발생빈도와 강도가 높아진다거나 병충해가 확산되는 등의 농림어업에 불안요인이 증가하게 될 것인데, 결국은 이로 인해 원료 생산에 차질을 빚게 됨으로써 바이오연료 생산에 있어 큰 혼돈을 가지고 올 것으로 판단된다.

3.2 식물성 기름 공급난 및 해결 방안

사실 바이오디젤을 둘러싼 논쟁 중 가장 치열한 것이 원료확보의 문제이기 때문에, 에너지 국산화 및 기후변화협약 대응에 있어 원료가 되는 농산물 확보 계획은 상당히 중요하다. 한 예로서 세계 최대 유채기름, 면실유, 땅콩기름 생산국이자 세계 4위의 콩기름 생산국인 중국이 자체 생산능력만으로 내수 수요를 만족시키기에는 턱없이 부족한 상황이라는 것이다. 최근 수 년 동안 중국이 국민의 삶의 질 향상을 통해서 일인당 식물성 기름 소비량이 급증했기 때문인 것으로 2004년 한 해 중국의 식용유 총 소비량은 2,300만톤(일인당 식용유소비량 17.6kg)으로 전년도에 대비하여 급증한데 반해 생산량은 1,400만톤으로 자급률이 60%에도 못 미쳤던 것으로 나타났다. 그 결과, 중국은 식용유 676만톤(그 중 콩기름 252만톤, 유채기름 35만톤, 팜유 240만톤 차지)을 수입했던 것으로 보고되었다. 이렇듯 중국이 바이오디젤 산업화를 위한 기술과 설비 여건이 충분히 갖춰졌다고 하지만, 상업작물 생산 능력의 한계로 식물성 기름을 확보하기 어려우며, 이 때문에 바이오디젤용 원료확보 난이 산업화를 저해하는 최대 걸림돌로 떠오르고 있다.

<그림 29>는 식물유에 이용되는 원료들로서 우리나라의 경우에는 <그림 30>의 결과에서 보는 바와 같이 대두를 주원료로 사용하고 있는 실정이다.

〈그림 29〉 식물유로 이용되는 원료

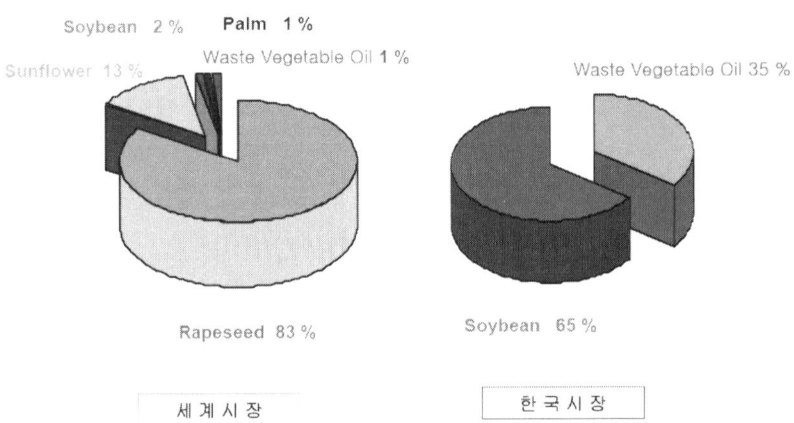

〈그림 30〉 원료별 생산 현황

그러나 대두를 주원료로 사용하여 제조된 바이오디젤의 경우, 어는점이 -10℃이기 때문에 부동 첨가제의 개발도 고려되어야 하며, 특성상 점성이 높고 불포화 지방산이 많이 포함되어 있어 디젤엔진의 노즐이 막힐 가능성도 배제할 수 없는 상황이다. 또한 대두가 함유하고 있는 기름 함유량이 국제 기준치에 비해 상대적으로 낮기 때문에 국내에서 BD 5를 사용하기 위해서는 520만 ha(남한 전체 면적의 52%)의 경작지가 요구된다. 때문에 상당부분의 원료를 해외에 의존해야 하는 실정이며, 이를 해결하기 위해서 유전자 조작을 통한 품종 개량 연구가 진행되고 있다.

이와 함께 농림수산식품부는 현재 바이오디젤 원료용 유채 생산계획을 수립하고 국내재배에 적합한 유채품종 및 농기계를 이미 개발하여 농가 실증단계에 있다. 우리나라의 유채재배는 가을 파종의 경우 1월 최저평균기온 -5℃선이 재배한계가 되며, 토질은 맥류재배가 어려운 남부의 유휴답, 제주 화산회토 등에도 재배가능하나 경토가 비옥한 양토가 적합하며, 적정한 산도는 5.6pH수준으로 알려지고 있다. 1월 최저평균기온선을 기준으로 한 현재 겨울 유채 경작 가능 지역은 총 60만 ha이나, 현재 유채 재배 면적은 2004년 1,148ha이며 이중 99%에 달하는 1,139ha가 제주도에 경작되는 등 그 재배 양상이 치우쳐 있다.

유채의 초기 재배 목적은 국내 식용유 수급이었으며 1960년대 중반까지 국내 식용유 총수요 29,000톤 중 21,000톤을 국내 생산하여 자급률이 72.4%에 달했다. 그러나 <그림 31>

에서 보는 바와 같이, 1975년에 26,800ha였던 유채 재배 면적이 값싼 외국산 팜유의 대거 수입으로 인해 1985년에는 재배 면적이 4100ha로 1975년과 비교해 재배 면적이 75%나 감소했으며, 감소 추세가 계속되어 2004년에는 총 재배 면적 1148ha에 총 생산량은 1,400톤이었다.

현재는 단위면적당 수확량이 1.27톤/ha 정도로 재배양상이 토지 집약적이지 못하며, 경제작물로서 재배가 아닌 관광용도로 그 명맥을 잇고 있는 실정이다. 이처럼 농민들이 유채 재배 의욕을 상실하게 된 데에는, 값싼 외국산 팜유의 대량 수입으로 인해 가격 경쟁력에서 뒤졌을 뿐 아니라, 정부의 미진한 지원에 있다고 볼 수 있다.

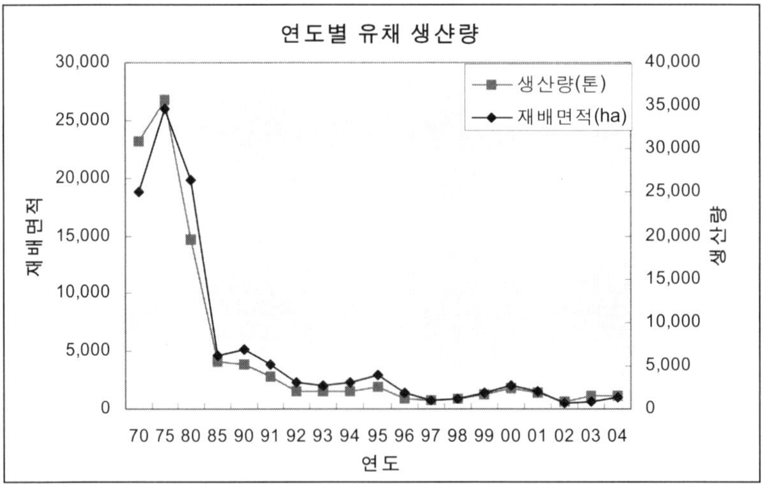

자료: 국립농산물품질관리연구원, 2005

〈그림 31〉 국내 유채 생산량 변화

우리나라는 대부분의 농가가 겨울철 작물로 겉보리를 재배하고 있기 때문에 보리수매시기가 되면 과잉 생산물량 처리로 인해 많은 고민을 안고 있는데, WTO 상황에서 개방 압력과 겉보리 수익성 저하로 그 대체작물을 찾고 있는 중이기 때문에 대안으로 휴경지를 활용할 경우, 대전 이남의 농경지 55만 헥타르에서 바이오디젤 88만kℓ를 생산할 수 있을 것으로 농림수산식품부는 내다보고 있다.

이와 같이 바이오디젤 보급·생산이 구체화되면서 늘어나는 바이오디젤 원료를 확충하기 위해서는 유휴경작지와 보리대체 이모작 재배를 통한 바이오디젤 원료의 안정적인 생산기반을 갖추어야하며 재배농가의 소득보장과 보리대체 작물로 유채를 재배하기 위해서는 최우선적으로 파종부터 수확까지의 전 과정을 생력기계화가 이루어져야 하며, 특히 이모작(벼+유채)의 경우 후작인 유채의 수확기가 벼 재배 이앙시기가 늦어져 벼의 수량감소를 초래하는 것을 감안하여 유채 수확기를 앞당기기 위해서는 숙기를 단축하면서 동시수확성을 갖는 다수확 유채 품종의 개발이 필요하다.

3.3 식물성 기름 생산규모 확대 난

바이오연료를 얻기 위해서는 농작물을 생산할 대량의 토지가 필요한데, 현 상태의 바이오 연료 산업은 다국적 기업들이 광활한 농작지를 해당 정부의 정책적인 보조를 받아가며 매입한 후 대규모 플랜테이션 경작을 하는 것이 대부분인데 이 때문에 산림파괴현상이 동반되고 있다.

한 예로서 현재 가장 많은 바이오 에탄올을 생산하는 브라질의 경우, 매년 사탕수수로부터 평균 44억 갤런(165억ℓ)의 에탄올을 생산해서 전세계 1위를 차지하고 있다. 이와 같은 바이오연료의 사용은 화석연료로부터 배출되는 온실가스를 줄이는 방법이라고 널리 인식되고 있으나 환경론자들은 "브라질 바이오연료 붐이 거대한 사바나 생태계의 훼손시키는 일"이라고 하였다.

실제로 사탕수수 재배를 위해 이루어진 대규모 농장의 확대는 수질 문제, 생물의 다양성 상실 문제, 서식처의 상실 문제 등의 많은 문제를 유발했는데, 그 중 가장 문제가 되는 점은 지나친 바이오연료의 확대로 인해 직·간접적으로 브라질의 Cerrado와 같은 생물 다양성 지역이 훼손되었다는 것이다.

지난해 Conservation Biology에 실린 연구 결과에 의하면 남미의 가장 큰 사바나 지역이며, 풍부한 조류, 양서류, 어류, 곤충류들의 서식지인 Cerrado(190만㎢)의 약 50%가

농장지역으로 변경되었으며, 이로 인해 토양 침식, 생물 다양성 감소 및 외래종 식물들의 확장 문제 등이 일어나고 있는 것으로 보고되었다. 그러나 이러한 문제점들이 알려지고 있는데도 불구하고 사탕수수의 가격이 올라가면서 Cerrado의 콩과 작물들을 재배하던 소농장들이 사탕수수를 대량으로 재배할 수 있는 농장으로 탈바꿈하고 있다는 것이 더욱더 큰 문제로 여겨지고 있다. 이와 더불어 또 다른 바이오 연료인 팜나무가 이 지역에 재배되기 시작했는데, 이로 인해 또 다시 아마존 지역 훼손 가능성이 있으며, 이미 수마트라와 보르네오와 같은 동남아시아의 우림지역은 팜오일 재배로 인해 크게 훼손된 것으로 보고되고 있다.

결국 바이오연료의 대량 생산을 위한 대농장으로의 확대는 Cerrado와 같은 사바나 초원지대의 대규모 개간을 불러일으키고 있으며, 열대림의 파괴를 촉진하고 있는 것으로 판단된다.

이러한 자연 파괴와 더불어 또 하나의 문제는 바이오연료용 곡물 수요가 증가함에 따라 식량으로 쓰이는 경작지가 줄어들고 곡물 가격이 급등하고 있다는 점이다. 이와 같은 가격의 상승은 앞서 언급한 것과 같이 사탕수수의 재배면적이 넓어지면서 상대적으로 다른 곡물의 재배 면적이 줄어든 것도 하나의 상승 요인으로 볼 수 있을 것이다. 이와 같은 결과로 인해 미국의 바이오에탄올 생산지인 다코타 지역에서는 사료용 곡물 가격이 급등하여 축산업에서는 사료를 구하지 못하고 있는 상황이 발생하고 있다.

또한 유럽에서는 밀을 이용하여 에탄올 연료로 쓰는 공장이 크게 늘어남에 따라 빵 제조용 곡물의 가격이 30~50% 정도 상승하고, 그 밖의 식용유 종자 가격도 60~80% 정도로 상승할 것으로 추정되고 있는데, 이는 곧 전세계에 걸쳐 하루 1달러로 연명하는 15억명이라는 사람들에게는 더욱더 어려운 상황을 만드는 것이라고 판단된다. 이러한 가격의 급상승은 폭염 등의 기상 악화의 원인도 있지만, 가장 크게 영향을 미치는 것은 바이오연료 붐으로 인한 것으로 판단해도 좋을 듯하다.

끝으로 이러한 바이오연료 생산 면적 확대와 곡물 가격 인상에 따른 피해가 대부분 3세계에서 일어난다는 점이 문제이다. 아직 3세계의 많은 국가들이 수출용 작물을 생산하기 위해 경작지를 이용하고 있기 때문에 소농이 몰락하고, 정부와 해외 자본의 지원을 받는 거대 농장들이 대부분의 생산을 도맡고 있는 게 현실이다. 그 결과, 이와 같은 상황에서 바이오연료를 위한 재배가 확대되는 것은 3세계 지역의 기아 문제와 수출로 인한 경제적인 종속 문제가 더욱 심화될 가능성이 있다는 것이다.

이상에서 살펴본 것과 같이, 2000년대 이후 바이오 연료로의 이용을 위해 세계적인 곡물 소비 증가와 생산 불안정으로 재고가 크게 줄어들면서 생산 규모의 확대는 지속적인 곡물의 국제 가격 상승 등의 많은 문제점들을 가지고 왔다.

특히 바이오에탄올 원료용 수요가 급증하는 추세인 옥수수 가격은 2005년 하반기부터 지속적인 상승세를 나타내 2007년 9월에 톤당 141.2달러가 되어 2년 전에 비해 71%나 급등하였으며, 대두 가격은 2006년 하반기부터 지속적인 상승세를 나타내 2007년 9월에 톤당 350.2달러가 되어 1년 전에 비해 74%가 급등한 것으로 나타났다.

이와 같이 급등하는 곡물의 가격에 대응해서 수입 의존적인 우리나라는 곡물 수입량과 가격의 불안정성 심화를 예상하여 국제곡물시장에 대한 조기 경보 시스템(EWS)의 조속한 구축이 이루어져야 할 것이다. 이를 통해서 국제곡물시장 모니터링을 강화하고 더불어 선물 시장을 적극 활용하거나 수입선의 다변화로 곡물을 추가 확보하는 것이 필요할 것이다. 또한 국내 논 및 유휴지의 곡물 재배 적극 유도를 통해 자급율을 제고하고 남미 등의 곡물 산지에 토지 구입 또는 임대를 통하여 해외에 곡물 생산 기지를 건설하는 것도 국제적 생산 기반 확보를 위해 필요할 것으로 판단되며, 식용유작물의 경우, 바이오디젤로 활용하는 데는 한계가 있기 때문에 비농경지에서의 야생 유지식물을 확보하는 방법도 모색되어야 할 것이다.

3.4 바이오매스 공급난 및 해결방안

바이오디젤의 원료로는 식물성 기름, 동물성 지방 및 폐식용유 등이 사용될 수 있으며, 현재 가장 많이 사용되고 있는 것은 식물성 오일이며 이중에서도 가장 많이 활용되는 유채유, 대두유, 팜유를 중심으로 원료시장 상황을 알아보고자 한다. 각 원료들은 재배지에서 주로 사용되고 있는데 유채는 독일을 중심으로 하는 유럽에서 사용되고 최근 중국에서도 관심을 보이고 있으며, 대두유는 미국, 브라질 지역에서, 그리고 팜유는 말레이시아, 인도네시아를 중심으로 하는 아시아 지역에서 주로 원료로 사용되고 있다. 그러나 최근에는 각국의 원료가 부족해져 타 지역의 바이오디젤 주로 팜 바이오디젤을 수입하여 혼합하여 보급하려는 움직임이 있고 앞으로는 교역이 더욱 활발해 질 것으로 예상된다.

국내 대부분의 바이오디젤 생산 업체는 대두유를 수입하여 이를 원료로 바이오디젤을 생산하고 있으며 최근 몇 개의 업체에서 팜유를 원료로 사용하고자 하는 시도를 하고 있다. 바이오디젤은 수송용 에너지로 사용되어 수급의 안정성이 매우 중요하다. 따라서 원료를 안정적으로 수급하는 것이 매우 중요한 요소이다. 식물성 오일의 세계적인 생산량을 살펴보면 대두유와 팜유가 각각 연간 3,500만톤 가량 생산되고 있으며, 유채유는 1,700만톤 가량 유럽등지에서 생산되고 있다.

대두유는 생산량의 30%, 팜유는 생산량의 80% 이상이 생산지에서 외부로 유통되고 있으나 유채유의 무역량은 매우 미비한 실정이다. 우리나라 같이 원료가 생산되지 않는 경우는 생산량이 많고 유통이 많이 되는 원료를 사용하는 것이 안정적인 원료 공급을 위해서 바람직하다고 할 수 있겠다.

바이오디젤은 원료에 따라 제품의 품질이 결정되는 특성이 있다. 오일 중에 포함되어 있는 포화지방의 양에 따라 저온 필터 막힘점(CFPP)이 결정되는 것으로 알려져 있고 산화안정성에도 영향을 주는 것으로 알려져 있다. 포화지방산이 상대적으로 많은 팜유의 경우 CFPP는 12℃ 정도로 매우 높지만, 산화안정성은 가장 우수한 것으로 보고되고 있다. 그리고 전반적으로는 추운지방에서 주로 생산되는 유채유로부터 생산된 유채 바이오디젤이 가장 안정적인 품질 특성을 보이며, 어떤 특정한 식물성 오일이 생산되지 않는 우리나라의 경우는 어떤 한 가지 원료만을 사용하는 것 보다는 원료를 서로 혼합하여 원료의 단점들을 보완하여야 할 것이다.

우리나라의 경우에도 농림수산식품부를 중심으로 유채를 재배하여 얻은 유채씨로부터 유채유를 추출하여 바이오디젤의 원료로 사용할 수 있는 정책을 준비하고 있다. 우리나라의 농업과 바이오디젤 산업을 위해서는 매우 바람직하다고 할 수 있으나 국토의 면적에 한계가 있는 현실을 감안하면 충분한 원가 경쟁력을 갖는 유채유를 생산할 수 있을 지는 의문이며 이를 해결할 수 있는 아이디어들을 모아야 할 것이다.

또한 이러한 국내에서의 원료재배의 한계를 극복하기 위해 현재 업체들을 중심으로 해외 플랜테이션을 준비하고 있는 것으로 알려져 있고 정부에서도 이를 지원하기 위한 노력을 기울이고 있다. 이것은 해외에 유전을 개발하는 것과 비교할 만한 중요한 과제이나 해외에서의 플랜테이션은 상대 정부와의 관계, 노동력의 동원 및 관리 등 상당히 어려운 과제들이 많아 면밀한 준비를 갖추고 추진해야 할 과제이다. 그리고 원료의 해외 플랜테이션이 보장할 수 있는 것은 원료의 안정적인 수급이 가능해지는 것이지 가격을 낮추는 것은 아닐 수 있다는 점도 간과해서는 안 될 것으로 판단된다.

최근에 식용 오일을 에너지의 원료로 사용하며 가격이 급등하여 관련 산업에까지 영향을 주는 현상이 벌어지고 있고, 식용유를 식용 이외의 용도로 사용하는 것에 대한 문제 제기가 되고 있어, 자트로파와 같은 비식용 식물성 오일을 바이오디젤의 원료로 사용하기 위한 과제가 수행 중에 있다. 자트로파는 아열대지역에서 주로 생산되고 있고 자트로파유로 만들어진 바이오디젤은 대두바이오디젤의 품질 특성 정도를 갖는 것으로 알려져 있다. 현재는 대량으로 재배되고 있지 않지만, 중국, 인도네시아, 인도, 라오스, 필리핀, 캄보디아 등지에서 플랜테이션을 시도하고 있거나 준비 중인 것으로 알려지고 있다.

향후 플랜테이션에 필요한 농지의 부족을 충분히 예상할 수 있기 때문에 bioreactor를 이용하여 미세조류를 배양하고,

착유 및 정제 공정을 거쳐 바이오연료를 생산하는 기술을 개발 중이며, 현재 소규모 상용화 설비가 가동되어 상용화를 위한 추가적인 기술개발이 진행되고 있는 것으로 알려지고 있다.

4. 바이오디젤 산업화의 육성 및 전망

■ 4.1. 생태학적 연료 바이오디젤 개발전략과 온실가스 감소 방안

■ 4.2. 바이오디젤 정책적인 대비 방안

■ 4.3. 바이오디젤 산업화의 육성 방안

■ 4.4. 바이오디젤 산업화의 전망

4.1 생태학적인 연료 바이오디젤 개발 전략과 온실가스 감소 방안

화석연료 사용 증가로 대기상의 온실가스 농도가 증가하고 지구의 평균기온이 상승하는 온난화 효과가 발생해 향후 온실가스감축이 범세계적인 당면과제가 되고 있다. 지난 2005년 2월 교토의정서가 발효됐고, 현재 포스트교토체제에 대한 협상이 진행 중이어서 에너지소비 및 온실가스배출 규모 세계 9위인 우리나라는 오는 2013년 의무 부담국에 가입될 것이 확실시 되고 있다. 국내 이산화탄소 배출량 중 수송부문에서 발생하는 이산화탄소 배출량은 <그림 31>에서 보는 바와 같이 2003년에 97.9Mt으로 이 중 99%를 석유에 의존하고 있으며, 연평균 3.3% 정도씩 비중이 증가할 것으로 전망하고 있다. 이러한 수송부문의 새로운 에너지원으로 언급되는 것이 바로 수소에너지와 bio-fuel로 기술개발 단계에 있는 수소에너지와는 달리 bio-fuel은 보다 빠른 기간 내에 목적을 달성하기에 적합한 에너지원이다.

바이오연료는 일반 화석연료와는 달리 기존의 광합성을 통해 생체 내에 저장된 탄소의 양과 연소 시 발생되는 이산화탄소의 양이 같기 때문에 대기 중의 이산화탄소 양을 증가시키지 않는 탄소 중립 자원으로서 온실가스 저감에 있어 매우 기대되는 자원이다.

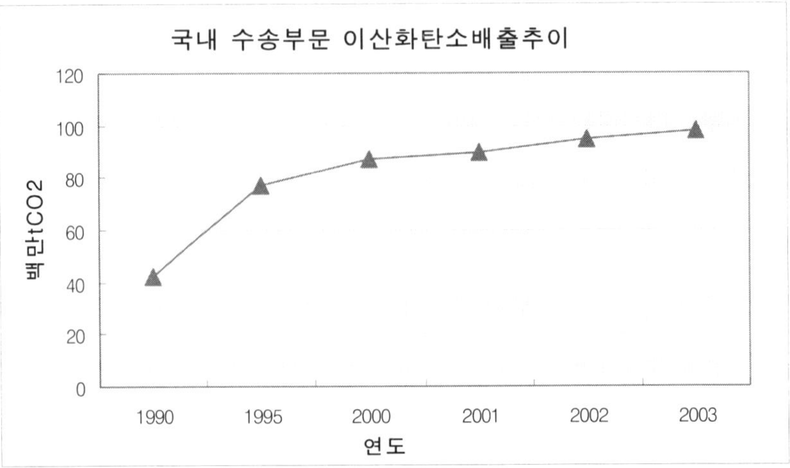

자료 : 에너지경제연구원, 이산화탄소 배출 통계

〈그림 31〉 국내 수송 부문의 이산화탄소 배출 추이

바이오디젤의 경우, 1톤 사용 시 2.2톤의 이산화탄소 감축효과가 발생하는 것으로 보고되고 있으며, 주원료인 유채를 경작할 경우 1ha 당 23톤의 이산화탄소 감축효과가 있는 것으로 보고되고 있다. 이를 바탕으로 한 미래 농정연구원의 연구 결과를 살펴보면 이론적 유채재배 가능 면적인 31만9000ha에서 유채 재배를 통해 감축할 수 있는 이산화탄소양은 70만1800톤에 해당하며, 온실가스 배출권 거래가격인 11.5 유로로 환산하면 110억에 해당하는 배출권을 획득할 수 있는 것으로 보고되었다.

이에 정부는 지난 '98년 4월 범정부 대책기구를 구성하고,

2001년 9월 기후변화협약대책위원회로 확대 · 개편, "기후변화 협약 대응 정부종합대책"을 수립 추진 중에 있다. 또한, 2008년부터 5년 단위(2008~2012년)로 추진되는 제4차 종합대책을 수립 중에 있으며, 추진과제별 정량적 목표를 부여해 실질적 기후변화 대응성과를 도출할 예정이다. 이와 함께 국내 여건을 고려한 최적의 협상전략을 수립하고, 기후변화에 대응을 위한 국제협상에 능동적으로 참여하고, 국민경제에 미치는 영향, 실현 가능성, 국제사회의 요구 등을 종합적으로 고려하여

▲ 단계적 감축목표 수립과 에너지 수요관리 강화 및 국민 참여 확대를 통한 에너지 수요 감축
▲ 기후변화 대응 산업정책을 통한 온실가스 저배출형 산업구조로의 전환 촉진
▲ 청정에너지 공급 확대를 통한 저탄소 에너지 시스템 구축
▲ 신재생에너지공급협약(RPA)을 활용한 부분적 감축의무 도입
▲ 청정개발체제(CDM) 사업 활성화
▲ 탄소펀드 조성, 인센티브 부여 등으로 탄소시장 개설
▲ 저탄소기술개발

을 통해 확대되는 환경시장에 적극 참여함으로써 새로운 성장 동력으로 활용할 계획이다.

또한 포스트 교토 협상에 적극 대비하는 한편, 포스트 교토 협상 이외에도 미국 주도의 아-태 파트너쉽 및 15개국 회의 등에도 적극 참여하고, EU, 미국, 일본 등 선진국과 국제협력을 강화하는 한편 멕시코, 남아공, 싱가폴 등 대응여건이 유사한 국가들과 연대를 모색할 계획으로 있다.

특히 2011년 5% 목표 달성을 위해서는, 2007~2011년 3조 2,712억원 소요될 전망이며, 예산 대비 보급효과가 큰 바이오가스 · 폐기물 등 지원 추가를 확대하고 공공기관의 신재생에너지 의무화 대상면적을 1,000m^{2}로 낮추어 증개축 건물 및 학교시설까지 확대하는 한편, 2030년에는 9% 장기목표의 효과적 달성을 위해 제3차 신재생에너지 개발보급 기본계획 수립을 2008년 2월경 수립할 계획에 있는 것으로 보고되고 있다.

4.2 바이오디젤 정책적인 대비 방안

근래에 들어 바이오디젤 연구를 시작한 우리나라와는 달리 유럽은 1990년대 초부터 버스, 트럭용 연료로 사용한 이래로 프랑스, 이태리, 체코, 슬로바키아, 스위스 등지는 계속해서 대규모 사업장 차량을 대상으로 BD30 등을 널리 보급하고 이용하고 있는 실정이다.

오늘날 유럽에서 바이오연료의 획기적인 증대는 유럽연합의 재생 가능 에너지의 중심 에너지 개발전략에 따라 바이오연료 지침이 발표되어 시장과 산업의 발달을 뒷받침한 데 따른 것이다. 유럽연합은 2010년 수송연료의 5.75퍼센트를 바이오연료로 대체하겠다는 목표를 가지고 있으며, 매년 보고서를 제출하여 목표달성을 위한 국가계획을 마련해야 한다. 이에 따라 2030년에는 바이오디젤의 유럽 시장 점유율이 25퍼센트가 될 것으로 예상하고 있으며, 이는 유럽 총 농경지의 4~13%를 바이오연료 작물에 사용해야 하는 양이다. 이러한 목표를 달성하기 위해서는 일개 국가별 차원을 넘어서는 협력이 필요한데, 유럽연합은 연합 차원의 생산뿐 아니라 국외수입을 통해 바이오연료의 원료를 수입해 시장 점유율을 유지하고 유럽연합 차원의 목표를 달성할 수 있을 것으로 파악하고 있다.

이와 같이 활발하게 바이오디젤 보급에 앞장서고 있는 유럽의 한 예로서 독일의 정책을 살펴보고자 한다.

유럽의 국가들 중에서도 독일은 바이오디젤 보급에 가장 적극적인 나라로서 오늘날 전 세계에서 가장 많은 바이오디젤을 생산, 보급, 소비하는 국가이다. 현재까지의 바이오디젤 적용 과정을 살펴보면, 초기에 연료계 재료 등을 수정한 전용 차량을 사용해 BD100을 보급과 함께 300만대 이상을 운행하였다. 2004년부터는 BD5 보급에 착수하여 2005년에는 바이오디젤 판매량의 40%를 BD5가 차지하였으며, BD100은 승용차, 사업장차량, 농업기계를 대상으로 각각 10%, 45%, 5%가 보급되었다. 이와 같이 독일이 세계 최대의 바이오디젤 대국이 되기까지 제기되었던 문제들과 이를 해결하기 위해 기울여온 노력들을 재고할 필요가 있을 것이다.

4.2.1. 바이오디젤 생산 · 보급의 문제점

바이오디젤 강구인 독일도 바이오디젤 생산과 보급의 초기 단계에 있어서는 많은 문제점들을 가지고 있었다.

그 첫 번째는 세금 문제로서 바이오디젤의 상용화에 있어서 일반 디젤보다 비싼 생산비가 문제가 되었다. 두 번째로는 모든 차가 BD100을 연료로 하여 주행할 수는 없다는 기술적인 문제 때문에 BD100을 사용할 수 있도록 차량의 개조가 필요하였다. 세 번째로는 실린더가 망가지는 등의 가장 큰 문제점으로서 바이오디젤의 품질 개선 문제 해결이 요구되었다. 끝으로 환경적인 관점에서 온실가스를 저감시키기는 하지만

산성화 등에서는 오히려 환경에 나쁜 영향을 줄 수 있다는 연구 결과로 인해 해결책의 요구가 있었다.

4.2.2. 해결 방안

독일은 세제와 관련해 2002년까지 세금을 면제하기로 결정하여, 매년 의회에서 면세 정책 유지에 관한 필요성을 현실에 맞게 확인하는 작업을 계속하였다. 그 결과 2005년 7월까지 면세를 유지했고, 8월부터는 에너지법의 수정에 따라 혼합도에 따라 과세가 시작되었다. 이는 바이오디젤 산업과 시장의 면세액이 매년 10억 유로 정도의 성장으로 인해 세수 조달에 곤란이 가중되었기 때문이며, 이 과세를 통해 독일 바이오디젤 산업과 시장이 성공적으로 확대되어 자생력을 가지게 되었다.

BD100 연료 사용의 기술적 문제를 해결하기 위해서는 자동차 제조사와 국가가 공동 노력하여 일부 회사(Audi, Deutz, Fendt, EvoBus Setra, Linde, MAN, Still, VW)들이 생산하는 다양한 기종에서 사용가능하다는 인증을 받기도 하였다.

품질 관련 문제에 있어서는 유럽연합 품질기준을 만들어 해결하였으며, 바이오디젤의 품질의 향상 및 유지를 위해 바이오디젤의 품질을 관리하고 기준을 설정하는 협회(AGQM: Association for the Quality Management of Biodiesel)를 바이오디젤 생산자, 유통사업자, 주유사업자, 자동차 제조사들이 참여해 1999년에 창립했다. 이 협회를 중심으로 엄격한 품질관리활동을 벌인 독일은 품질에 관한 문제가 발생되지 않고 있으며, 이와 같은 개별 국가들의 노력과 유럽연합 차원의 품질보증 노력은 2003년 100퍼센트 바이오디젤에 대한 유럽연합 품질기준인 EN14214의 제정으로 결실을 맺었다. 특히 AGQM은 EN14214보다 더욱 엄격한 자체 기준을 세워 품질감시를 계속하고 있는데, 그 예로 EN14214는 수분함량, 입자상 총 오염물질 기준을 각각 kg 당 500㎎과 24㎎으로 규정하고 있으나, AGQM의 기준은 생산자의 경우 수분함량이 220㎎, 전체적으로는 300㎎ 이하를 유지하도록 규정하고 있으며, 입자상 총 오염물질도 20㎎으로 더 엄격하게 규정하여 관리하고 있다.

4.2.3. 1990년대 이후 바이오디젤과 관련된 흐름

1990년대 이후 독일에서 바이오디젤과 관련된 흐름은 대략 세 가지 종류로 분석되는데, 첫 번째로는 바이오디젤 관련 시민단체(BBE: 독일바이오디젤협회, BBK: 독일 바이오-재생가능연료협회, BEE: 독일재생가능에너지연합, FEE: 독일재생가능에너지 증진을 위한 모임, VDB: 독일바이오연료산업협회)등의 사용 촉진 활동이며, 두 번째로 1990년 독일농업인협회와 독일경정농협회가 주축이 돼 창립한 이래 모든 바이오디젤 관련 회사, 협회, 연구소, 관련 마케팅 그룹들이 참여한 '에너지작물 보급·확대를 위한 연합(Ufop: Union for the Promotion of Oil Seeds and Protein Plants)'의 적극적인 마케팅 캠페인이다. 마지막으로는 독일 정부의 바이오디젤 생산설비에 대한 보조금 지급, 바이오디젤 이용을 위한 차량개조와 수송회사별 자가 주유설비 설치에 대한 보조금 지급 등 경제적 인센티브 정책이 그것들이다.

이와 같은 국가, 기업, 사회 단체들의 노력으로 인해 독일이 세계에서 제일 큰 바이오디젤 대국이 될 수 있었던 점을 상기하여 우리나라의 실정에 맞게 정책을 진행하어야 할 것이다. 그 첫 단계로서 지식경제부는 2006년 7월 자동차용 바이오디젤 상용화 개시 이후 경유에 섞는 바이오디젤 비율 제고하여, BD20 사용요건 완화 및 관련 정부 지원방안 등을 주요 내용으로 하는 '바이오디젤 중장기 보급계획'을 경제정책조정회의를 통해 확정하였다.

주요 내용은 BD5 경유에 혼합되는 바이오디젤 비율을 내년부터 매년 0.5%포인트씩 높여 오는 2012년까지 3.0%로 설정하여 추진하고, BD20의 경우에는 자가 정비 시설 의무조항 완화를 통해 외부 위탁 정비 계약을 허용하고, 전용주유소를 통한 지방자치단체 보급을 추진할 것을 골자로 하였다. 또 바이오디젤 보급을 위해 정부는 BD5, BD20에 혼합된 바이오디젤에 대해 올해 말까지 시한인 전액 면세지원을 추가적으로 2008~2010년까지 연장하며, 바이오디젤 원료의 국산화율 제고 및 수급 안정화를 위해 원료 다양화(팜유, 자트로파유 등) 실증시험 실시와 국내 유채 생산기반 조성, 폐식용유 수거체계 구축 등을 추진해 나갈 예정이다. 이 외에 수송용으로 대체 가능한 에너지원별 기술발전 정도 및 상용화 시기, 투자비용 및 이산화탄소 감축 효과 등을 평가 분석하고, 화석연료 중장기 대체전략을 마련하기 위한 연구용역을 추진할 계획이며, 불확실한 유가와 바이오디젤의 수급 및 가격, 국제적인 바이오연료 보급 추이, 국산원료의 생산 추이, 연구용역 결과 등을 종합 고려해 오는 2011년 이후 바이오디젤 혼합비율 등 보급방안을 2010년 하반기에 재검토 할 예정으로 있다.

이번 보급 계획에 따라 BD20 사용요건에 대한 제도 개선으로 바이오디젤업계의 독자적인 사업영역을 확보하여 석유대체연료의 보급기반을 강화할 수 있을 것으로 판단되며, 면세기간 연장을 통해 보급 초기에 발생할 수 있는 바이오디젤 혼합에 따른 가격 상승 없이 바이오디젤 보급이 촉진될 것으로 판단된다.

4.3 바이오디젤 산업화의 육성 방안

유럽 국가들의 경우 1980년경부터 바이오디젤을 보급하기 시작한데 반해, 우리나라는 2002년부터 시범사업으로 뛰어들었는데도 불구하고, 짧은 착수기간 동안 우리나라는 독일, 프랑스와 함께 바이오디젤 연속식 생산 공정을 보유하는 등 괄목할 만한 기술적 발전이 있었다. 그러나 이와 같은 기술 개발, 생산량 증대와 품질 개선 등 만으로는 아직 소비자에게 '미지의 시장'인 바이오디젤로서 전통적 화석연료의 대안으로 내세우기에는 아직 무리가 있는 듯하다. 국내에 넓은 유휴지를 가지고 있고, WTO체제 하에서 겉보리의 경쟁력 상실로 인해 그 면적이 점차 증가함에 따라 다른 대체 작물의 필요성이 대두되어, 유채 재배로서 바이오디젤 원료를 획득하고 농촌 경제를 활성화할 수 있는데도 불구하고, 국제 유채 거래 가격과의 경쟁력에서 뒤진다는 이유만으로 바이오디젤 정책은 농업정책과 이원화되어 구동되고 있는 실정이다.

이러한 현 상황을 타개하기 위해서는 바이오디젤 생산자가 생산을 증대시킬 수 있도록 노력할 수 있는 상황을 조성하여야 하며, 소비자로부터는 생산된 바이오디젤의 품질에 대해 믿음을 가질 수 있게, 또 보다 저렴한 가격으로 구입할 수 있도록 하는 교육적 노력이 필요하다고 판단된다. 이러한 활발한 참여를 위해서는 국내 큰 정유사들의 압박과 방해를 제거하고 이들이 스스로 바이오 디젤 시장에 참여할 수 있도록 하는 법적 기반이 마련되어져야 할 것이며, 이러한 정책이 효과적으로 운영될 수 있도록 현재 농촌 및 농업정책의 고려 없이 진행되는 바이오디젤의 확대와 이용이 환경정책, 에너지 정책 및 농업정책과 서로 맞물려 원활하게 운영될 수 있도록 고려되어야 할 것이다.

4.3.1 바이오디젤 보급 확대를 위한 생산자와 소비자 유인책

바이오디젤은 경유와 비교해 생산원가가 높기 때문에 원료의 원활한 확보를 위한 유통망이 확보되어야 할 것으로 판단되며, 바이오디젤의 유통·보급망에 있어서는 주요 정유회사에게 일임되는 현체제의 개선을 통해 생산자가 정유업계와 동등한 위치에서 생산이 이루어질 수 있도록, 이를 통해 생산자로 하여금 생산량의 확대 의지를 고취시킬 수 있게끔 할 필요가 있을 것으로 판단된다. 만약 당장의 바이오디젤 보급의 양적 확대에 급급해 미래의 바이오디젤 생산량 증대와 보급 확대를 고려하지 않는다면 바이오디젤 산업이 다시 쇠퇴일로를 겪을 수 있을 것이라 사료된다. 따라서 석유 대체 연료사업법 개정을 통해 기존의 생산자를 포함한 다수의 생산자가 직접적으로 주유소를 통해 유통·보급할 수 있는 자유롭지만 확고한 기반이 마련되어져야 할 것으로 판단된다.

이와 함께 대중교통의 바이오디젤 보급 확산을 위한 제도가 마련되어야 할 것이다. 현재 바이오디젤은 교통세의 면제에 따라 경유에 비해 가격 경쟁력은 가지고 있으나 이는 모든 수송부문에 해당하는 것은 아니다. 예를 들어 버스의 경우, 일반 경유를 구매하면 유가보조금을 환급 받을 수 있으나 바이오디젤을 구매할 경우에는 버스사업자에게 경제적 이익이 존재하지 않는다는 것인데, 이 같은 경우 버스사업자의 입장에서는 바이오디젤을 대체 연료로 선택하지 않을 것으로 생각된다. 따라서 경유사용으로 인한 환경영향 등의 외부효과 내재화를 위해 독일에서 시행한 Eco-tax 형태의 세금을 경유에 부과한다면, 바이오디젤은 버스사업자라는 소비자에게도 중요한 '선택안'이 될 수 있을 것이라 사료된다.

4.3.2 바이오디젤에 관한 교육 및 홍보

기술이 확보되어 있더라도, 아직 바이오디젤은 소비자에게는 아직 낯선 연료이기 때문에 바이오디젤 이용에 대한 교육 및 홍보 전략이 필요하다고 생각된다. 이를 가장 효과적으로 얻을 수 있는 수단이 공공기관 등의 차량과 대중교통에 바이오디젤을 사용하는 것으로서, 우리나라는 2001년 전라북도 내 관용차량에 BDF 사용을 지원하기 위한 시범보급 사업을 진행하였다. 이 같은 노력은 각 행정 기관의 공공기관 차량의 일부에 바이오디젤이 이용되도록 확대되어야 하는데, 기존의 공공 의무화 제도는 신재생에너지 확대를 위해 연면적 3000m^2이상인 공공기관 신축건물에 대해서만 신재생에너지 설비 설치를 의무화하고 있는 등 그 범위가 제한되어 있었다. 미국의 경우에는 Federal Procurement of Biobased Products(2002)제도를 통해 연방정부가 바이오 원료가 다량 함유된 물질을 우선 구매화하도록 제도화하고 있으며, 공공기관과 20대 이상 대형차량 보유 운수업자는 매년 차량에 대당 1,620ℓ의 대체연료 사용을 의무화하고 있는데, 우리나라도 공공기관 차량의 일정부분에 대해서 시급하게 확대 적용되어야 할 것으로 판단된다.

이와 더불어 BD-mix 연료에 대한 표기에 대한 인식 확대가 요구되는데, 현재 전국적인 바이오디젤 보급은 BD-0.5로 이루어질 것으로 전망이다. 이는 석유 및 대체 연료 사업법상 경유로 분류되어져, 주유소에서 별도표시 없이 판매가 가능하고 소비자는 자신이 구매하는 연료가 바이오디젤인지 경유인지 모른 체 주유하게 될 것으로 생각된다. 이로 인해 소비자는 바이오디젤 혼합 경유와 일반 경유 사이에 있어서의 선택권을 박탈당하게 되는 것인데, 이는 초기 바이오디젤의 양적 보급 확대에 있어서는 쉽게 달성할 수 있는 한 방법이 될 수 있으나, 바이오디젤 혼합비를 늘려 BD-100까지 가는 과정에 있어서는 소비자의 불신과 반대의 벽에 부딪힐 수 있을 것으로 사료된다. 따라서 재생 가능한 에너지로서의 바이오디젤에 대한 지속적이고 적극적인 교육과 홍보의 노력이 필요할 것으로 판단된다.

4.3.3 바이오디젤의 농업 · 환경 · 에너지 정책의 통합적 고려

국내에서의 바이오디젤용 원료는 대두유가 주를 이루었다가 최근 보다 어는점이 낮고 기름 함량이 높은 유채유가 많이 언급되고 있는 실정인데, 국내 유채의 거래 가격에 있어서 지난 1991년 이후 고정되어 있음에도 불구하고, 국제 거래가격의 2배 이상에 해당해 농민들에게 생산의지를 불러일으키지 못하고 있으며 바이오디젤 생산업자는 국내 유채원료의 구입을 꺼려하는 상황이다. 그러나 바이오디젤용 원료인 유채를 국내에서 생산하는 것은 농촌에 일자리를 창출하고 WTO 제도 하에서 지원 가능한 경관 보전 직접지불제도로서 농가를 지원해 농가소득을 제고할 수 있으며, 에너지 원료의 생산을 통해 외화유출을 방시하는 등 많은 사회적 비용을 절감할 수 있다. 이러한 점에서 국내 유채 재배를 통한 바이오디젤 생산이 고려되어져야 하지만, 지식경제부의 "수송용 경유 5% 바이오디젤 수급목표"와 농림수산식품부의 "유채시범사업"이 이원화되어 운영됨으로서 실질적으로 어려움을 안고 있다.

이를 해결하기 위해서는 전국적인 유채 네트워크 구축을 통해 각 부서 간 통합 정책의 진전이 있어야 할 것으로 판단된다. 국내의 유채꽃 재배지로서 대부분 제주도만이 언급되고 있으나 최근 대전, 경북 및 충북지역에서도 유채꽃 재배가 활성화되고 있는 실정이다. 대전지역은 도심하천에 유채꽃을 심어 경관개선을 유도하고 하천 생태계를 활성화시켜 시민들의 휴식공간이자 생태 체험 공간으로 활용하고 있는데, 하천이

끼고 있는 지역 도시라면 이와 같이 적극적인 도입이 필요할 것으로 생각된다. 이와 함께 경북과 충북지역에서는 농가소득 확대를 고려해서 유채꽃 경관 관광 및 녹색 관광을 추진하고 있으며, 더 나아가 바이오에너지를 산업을 고려한 시범사업도 추진 중에 있다. 이와 같이 유채와 관련된 여러 사업이 전국 각지에서 지방자치단체와 시민단체에 의해서 자발적으로 진행되고 있기 때문에 이를 통합한 정보 교류와 경험 공유 등의 유채사업 네트워크의 결성이 요구된다. 이러한 시민단체에서부터 각 지방단체에 이르기까지 이러한 bottom-up 방식의 전국적 조직 결성은 지식경제부 농림수산식품부 환경부간의 정책 통합 결성에 힘을 실어줄 수 있을 것으로 사료된다.

4.4 바이오디젤 산업화의 향후 전망

4.4.1 종합적인 재순환에너지 생산기술 개발 체계 달성

4.4.1.1 생산기술의 고도화를 통한 산업발전과 국내시장의 자력확보

많은 시간과 자금의 투자가 필요한 일반적인 개념에서 이해되는 대체에너지 사업과는 달리, 선진국에서 상용화가 이루어진 후발적 산업의 이점을 갖는 바이오디젤 생산 사업은 투자를 최소화할 수 있는 산업이다. 또한 본 산업은 기술력으로서 경쟁력을 보장받는 기술바탕 산업이라는 또 다른 이점을 제공해 준다. 따라서 빠른 기술개발로 기존의 공정보다 상대적인 경쟁력을 유지할 수 있어 광대한 시장 확보가 유리하다. 즉 선진국과 대비하여 우수한 기술을 확보할 수 있다면, 바이오디젤 산업뿐만 아니라 환경 화학 산업의 기본 원료 생산산업에서 우위를 차지할 수 있어, 바이오디젤 산업은 국내 경쟁력뿐만 아니라 국제 경쟁력을 가질 수 있는 산업이다. 현재 정부와 일부 기업체, 학계의 우수한 기술 인력을 바탕으로 수행하고 있는 21세기 프론티어 사업의 결과가 이미 도출되고 있고, 이에 대한 기술 특허와 공장건설이 추진되고 있는 상황에서 경쟁력 있는 바이오기술의 자립화는 매우 전망이 밝다고 할 수 있다.

바이오디젤 산업은 이미 충분하게 설명된 바와 같이 CO_2 저감 연료의 상용화를 통하여 실질적인 CO_2 저감효과를 얻을 수 있을 뿐만 아니라 국가의 환경개선 의지를 국제사회에 보여줄 수 있는 성공적 사례로 제시될 수 있다.

환경산업측면에서 현재 대부분을 수입에 의존하고 있는 환경 친화적 정밀 화학 산업(화장품, 세제, 윤활제, 농약 등)의 근본원료를 저렴하게 공급함으로써 국내의 취약한 기반을 갖고 있는 상기의 산업을 발전시킬 수 있는 계기를 마련할 수 있는 기회를 제공해 줄 것으로 사료된다.

4.4.1.2 농촌경제의 향상

WTO 체제에서 가장 큰 타격을 받고 있는 분야가 농업분야이다. 협소한 토지에서 비롯된 농산물의 국제 경쟁력은 대부분의 작물의 경우 4~10배 정도 낮은 실정에 있다. 따라서 좁은 국토에서도 점차적으로 유휴지가 증대되고 있고, 2모작이 가능한 지역에서도 경제성으로 인하여 토지의 활용이 급속도로 떨어지고 있다. 특히 제한된 시장에서 대체작물의 증산 정책은 관련 농산물의 가격의 폭락을 가져와 그 균형을 이루기가 매우 어렵다. 외국에서 적극적으로 시행되고 있는 산업제품 원료 생산정책은 이미 국내 농림수산식품부에서 도입이 되었으나, 약용식물을 제외하고는 적절한 식물을 선택할 수 없었기 때문에 대량생산체제로 연결되고 있지 못하고 있다. 이미 유럽의 예에서 볼 수 있듯이 바이오디젤을 생산하기 위한 유지식물의 재배는 바이오디젤 생산 확대 정책으로 인하여 가장 큰 유휴지 이용 대안으로 고려되어지고 있다. 국내의 바이오디젤 산업이 정착되면 국내의 유지식물을 구입할 수 있을 것이 확실시된다. 그러나 에너지 생산형 농산물의 경우 산업생산의 경쟁력을 유지하기 위하여 식물성 유지의 수입가격과 동일한 수매 가격이 형성되어야 하는 전제를 가지고 있기 때문에 유럽에서처럼 농민의 보조 수입수단으로 정책이 채택되어져야 한다.

따라서, 유지식물의 재배는 유휴지에서 생산이 주도되어야 하고, 기존 경작지인 경우 유지식물의 장점인 다모작을 통하여 농민의 수익을 최대화하여야 한다. 유지식물인 유채의 경우 1월 연평균 기온이 −5인 이남지역에서 경작이 가능한데, 이에 대한 논의 면적은 52만 ha로 맥류재배면적을 제외하면 이 크기가 29만 ha에 이른다. 이는 외국처럼 생산성이 유지되는 경우(40 q/ha), 45만톤의 바이오디젤을 생산할 수 있는 양으로 현재 사용하는 전체 경유의 약 2.5%에 이른다.

또한 농민의 수익을 올리는 방안으로 CO_2 배출권의 이익을 돌려주는 방안을 고려할 수 있다. 에너지 수급용 식물의 인위적 재배는 IPCC에서 CO_2의 경감 부분에 해당되며 유채의 경우 식물성 오일을 제외한 전체 식물체(줄기, 잎, 뿌리 등)에 흡수된 탄소의 양은 ha당 6.73톤으로서 24.68톤의 CO_2에 해당되며 이를 3년 주기의 경작을 기준으로 한다해도 7 ton/ha/year의 양을 저감시킴으로서 이에 대한 CO_2 거래 가격인 248,000원/ha(190$/ha)을 농민에게 이익으로 배분하여 줄 수 있다. 단, 상기의 CO_2 거래 가격은 미국이 대폭 줄일 것을 주장하고 있으나 매년 경작할 수 있음을 감안할 때 적지 않은 이익금 분배가 가능할 것으로 사료된다.

4.4.1.3 폐자원의 자원화

현재 국내에서 수입되는 식용유는 100만톤을 상회하고 있으며, 이중 환경에 버려지고 있는 식용유의 양은 약 20만톤으로 추정하고 있다 그러나 수거 시 마땅한 재활용 방안이 없기 때문에 환경에 버려져 토양과 수질을 오염시키고 있는 실정이다. 바이오디젤은 오스트리아, 독일에서 볼 수 있듯이 폐식용유를 가지고 만들 수 있을 뿐만 아니라, 현재 진행되고 있는 국책 연구 과제를 통하여 상당한 기술을 축적하고 있어, 국내의 바이오디젤 상용공장에서 폐식용유의 사용은 큰 어려움이 없이 이루어질 수 있다. 바이오디젤 공정에 폐식용유를 원료로 이용함으로서, 점차적으로 20만톤을 모두 처리할 경우, 1,200억원의 에너지 회수 효과와 44만톤의 CO_2 절감효과, 그리고 200억원의 글리세린 생산효과를 얻을 수 있을 것이다.

4.4.1.4 국민의 환경에 대한 신 패러다임 변화 유도

20세기 말을 흔들었던 에너지 위기를 통하여, 선진 각국은 정부부터 모든 국민에 이르기까지 생활방식을 바꾸는 데 크게 성공하였다. 소형자동차 타기, 실내에서 옷 입기, 쓰레기 자원회수 동조 등 각종 절약정신으로 살아가는 선진국민들을 외국 여행할 경우 쉽게 볼 수 있다. 이와는 대조적으로 대량 소비와 팽창경제를 지속하고 있는 한국의 경우, 정부와 관련기관은 앞으로 닥쳐올 사회 패턴의 변화에 대한 지속적인 준비를 국민들에게 알려야 한다.

새로운 세기의 패러다임의 변화에 적응하기 위하여 정책 핵심자들은 실질적인 행동으로 국민의 변화를 유도해야 하며, 대체에너지 산업의 확대 정책을 보여주고 국민들이 그것을 실제 사용하게 함으로써, 국민들의 생각이 전환할 수 있도록 도와주어야 한다. 바이오디젤은 국민이 직접 접촉하고 공감할 수 있는 제품 중 하나로써 이러한 변화 유도의 도구로 쓸 수 있음을 외국의 예를 보더라도 쉽게 예견할 수 있을 것이다.

4.4.2 아시아에서 바이오디젤 생산 산업의 주도

바이오디젤은 아시아에는 아직 본격적으로 정착하지 못한 대체에너지인데, 이미 여러 경로를 통하여, 중국에서는 바이오디젤 산업에 대한 관심을 표출하고 있으며, 이러한 광대한 시장을 점유하기 위해서는 국내에서 우선적인 기술 확보와 생산이 뒤따라야 한다. 빠른 바이오디젤 산업의 국내정착은 아시아 국가에 기술 우위를 보여줄 수 있고, 기술 수출에 기여할 수 있을 것이라 판단된다. 이는 국가 경쟁력을 갖는 하나의 제품 개발을 의미하는 것으로서, 바이오디젤 산업에 대한 재인식이 필요할 때인 것으로 사료된다.

5. 참고 자료부

5.1. 부록

5.2. 참고문헌

5.1 부 록

〈부록 1〉 국내에 등록된 특허 주요 기술 분석 내용 요약
(1998~2007년, 최근 10년간 등록일 기준)

관련기술	주 요 내 용			
정제기술	특허명	이온성 액체 촉매를 이용한 오일 중의 유리지방산의 제거방법		
	등록번호	10-0782127-0000	출원국	대한민국
	등록일자	2007.11.28	출원일자	2006.01.13
	발명인	김덕근	출원인	한국에너지기술연구원
	주요기술 내용	이온성 액체 촉매를 이용한 알콜과 유리지방산을 함유하는 오일을 에스테르화 반응시켜 오일 중에 포함된 유리지방산의 제거방법에 관한 것으로 바이오디젤의 순도를 제고하는 기술임.		

<table>
<tr><th>관련기술</th><th colspan="4">주 요 내 용</th></tr>
<tr><td rowspan="5">조성물 제조기술</td><td>특허명</td><td colspan="3">산화안정성과 저온유동성이 개선된 바이오디젤유의 제조방법</td></tr>
<tr><td>등록번호</td><td>10-0782130-0000</td><td>출원국</td><td>대한민국</td></tr>
<tr><td>등록일자</td><td>2007.11.28</td><td>출원일자</td><td>2006.06.12</td></tr>
<tr><td>발명인</td><td>이진석</td><td>출원인</td><td>한국에너지 기술연구원</td></tr>
<tr><td>주요기술 내용</td><td colspan="3">산화안정성 및 저온유동성의 물성 개선을 위한 2종 이상의 바이오디젤 조합</td></tr>
</table>

<table>
<tr><th>관련기술</th><th colspan="4">주 요 내 용</th></tr>
<tr><td rowspan="5">정제기술</td><td>특허명</td><td colspan="3">오일에 함유된 유리지방산을 제거하기 위한 텅스텐옥사이드 지르코니아 촉매 및 이의 용도</td></tr>
<tr><td>등록번호</td><td>10-0782126-0000</td><td>출원국</td><td>대한민국</td></tr>
<tr><td>등록일자</td><td>2007.11.28</td><td>출원일자</td><td>2006.01.10</td></tr>
<tr><td>발명인</td><td>이진석</td><td>출원인</td><td>한국에너지 기술연구원</td></tr>
<tr><td>주요기술 내용</td><td colspan="3">텅스텐 옥사이드 지르코니아 신규 촉매를 이용한 유리지방산을 제거 기술</td></tr>
</table>

<table>
<tr><th>관련기술</th><th colspan="4">주 요 내 용</th></tr>
<tr><td rowspan="5">생산기술</td><td>특허명</td><td colspan="3">평지씨 오일을 이용한 2단계 에스테르화 변환을 통한 바이오디젤의 제조방법</td></tr>
<tr><td>등록번호</td><td>10-0779732-0000</td><td>출원국</td><td>대한민국</td></tr>
<tr><td>등록일자</td><td>2007.11.20</td><td>출원일자</td><td>2006.10.31</td></tr>
<tr><td>발명인</td><td>박돈희</td><td>출원인</td><td>전남대학교 산학협력단</td></tr>
<tr><td>주요기술 내용</td><td colspan="3">메탄올의 사용량을 최소화하고 바이오디젤 수율 향상을 위한 생산 기술</td></tr>
</table>

<table>
<tr><th>관련기술</th><th colspan="4">주 요 내 용</th></tr>
<tr><td rowspan="5">생산기술</td><td>특허명</td><td colspan="3">바이오디젤 제조장치 및 이의 제어방법</td></tr>
<tr><td>등록번호</td><td>10-0773496-0000</td><td>출원국</td><td>대한민국</td></tr>
<tr><td>등록일자</td><td>2007.10.30</td><td>출원일자</td><td>2007.04.04</td></tr>
<tr><td>발명인</td><td>김점유</td><td>출원인</td><td>바이오키트 주식회사</td></tr>
<tr><td>주요기술 내용</td><td colspan="3">원료투입 장치 및 반응조에 연결된 유티릴티 바이오디젤 제어장치 및 투입, 반응, 세척, 및 건조단계를 포함한 제어방법을 이용한 생산기술</td></tr>
</table>

관련기술	주 요 내 용			
조성물 제조기술	특허명	바이오디젤 연료조성물		
	등록번호	10-0766572-0000	출원국	대한민국
	등록일자	2007.10.05	출원일자	2006.03.16
	발명인	김기준	출원인	김기준
	주요기술 내용	동결방지 등 물성 개선을 위한 동식물성오일로부터 과불포화알칸을 함유하는 바이오디젤 조성물 제조기술		

관련기술	주 요 내 용			
정제기술	특허명	식용유를 원료로 한 바이오디젤의 제조방법		
	등록번호	10-0762107-0000	출원국	대한민국
	등록일자	2007.09.20	출원일자	2006.09.08
	발명인	노종호	출원인	(주) 넥스오일
	주요기술 내용	바이오디젤 제조 공정중 생성된 글리세린, 비누성분 및 잔류 메탄올의 분리과정에서 폐수 생성이 없고 처리공정이 단순한 바이오디젤의 제조기술		

<table>
<tr><th>관련기술</th><th colspan="5">주 요 내 용</th></tr>
<tr><td rowspan="5">생산기술</td><td>특허명</td><td colspan="4">바이오디젤 생산용 교반장치</td></tr>
<tr><td>등록번호</td><td colspan="2">10-0762106-0000</td><td>출원국</td><td>대한민국</td></tr>
<tr><td>등록일자</td><td colspan="2">2007.09.20</td><td>출원일자</td><td>2006.09.08</td></tr>
<tr><td>발명인</td><td colspan="2">노종호</td><td>출원인</td><td>(주)
넥스오일</td></tr>
<tr><td>주요기술
내용</td><td colspan="4">신규 교반장치 도입을 통해 교반시간을 크게 단축시켜 교반 효율 향상을 통해 바이오디젤의 생산성 제고 기술</td></tr>
</table>

<table>
<tr><th>관련기술</th><th colspan="5">주 요 내 용</th></tr>
<tr><td rowspan="5">생산기술</td><td>특허명</td><td colspan="4">고정층형 반응기를 이용한 바이오디젤의 연속식 제조방법</td></tr>
<tr><td>등록번호</td><td colspan="2">10-0760027-0000</td><td>출원국</td><td>대한민국</td></tr>
<tr><td>등록일자</td><td colspan="2">2007.09.12</td><td>출원일자</td><td>2006.09.22</td></tr>
<tr><td>발명인</td><td colspan="2">오인철</td><td>출원인</td><td>이수화학
주식회사</td></tr>
<tr><td>주요기술
내용</td><td colspan="4">염기성 촉매를 이용한 동식물성 유지 및 알코올을 전이에스테르 반응으로 연속식 단일단계 반응을 통한 반응물 간의 혼합 효율을 높이고 고수율를 얻는 바이오디젤의 생산기술</td></tr>
</table>

관련기술	주 요 내 용			
생산기술	특허명	동물성 유지 또는 식물성 유지를 이용한 대체연료의 제조를 위한 에스테르화 반응 장치		
	등록번호	10-0749440-0000	출원국	대한민국
	등록일자	2007.08.08	출원일자	2006.05.19
	발명인	유병재	출원인	김병국
	주요기술 내용	초음파를 이용하여 분자의 확산반응(교환반응)을 촉진시킴으로써 고수율의 바이오디젤 제조방법 및 에스테르화 반응 장치 기술		

관련기술	주 요 내 용			
생산기술	특허명	이온성 액체를 이용한 바이오디젤 및 글리세롤의 생산 방법		
	등록번호	10-0746996-0000	출원국	대한민국
	등록일자	2007.08.01	출원일자	2006.09.06
	발명인	구윤모	출원인	인하대학교 산학협력단
	주요기술 내용	이온성 액체를 용매 및 첨가제로 이용한 바이오디젤 및 글리세롤을 생산하는 방법		

관련기술	주 요 내 용			
생산기술	특허명	바이오디젤 제조장치		
	등록번호	10-0746996-0000	출원국	대한민국
	등록일자	2007.07.30	출원일자	2006.07.18
	발명인	양해경	출원인	양해경
	주요기술 내용	경제적이고 한정된 장소에 구애받지 않는 이동설치가 용이한 바이오디젤 제조 장치기술		

관련기술	주 요 내 용			
조성물 제조기술	특허명	내연기관용 대체 연료		
	등록번호	10-0735155-0000	출원국	대한민국
	등록일자	2007.06.27	출원일자	2006.07.07
	발명인	이용만	출원인	이용만
	주요기술 내용	식물성 유지(유채씨, 해바라기씨, 대두 등)를 원료로 사용한 바이오디젤을 포함한 내연기관용 연료 조성물 제조기술		

관련기술	주 요 내 용			
조성물 제조기술	특허명	세탄가 향상용 첨가제 조성물		
	등록번호	10-0734202-0000	출원국	대한민국
	등록일자	2007.06.26	출원일자	2006.06.14
	발명인	정광섭	출원인	지에스칼텍스 주식회사
	주요기술 내용	에폭시 포화 지방산 메틸에스테르 및 니트레이트 포화 지방산 메틸에스테르 바이오디젤 유래화합물들의 세탄가 향상용 첨가제 조성물 제조기술		

관련기술	주 요 내 용			
생산기술	특허명	폐식용류 등을 이용한 대체연료의 제조장치 및 그 제조방법		
	등록번호	10-0722757-0000	출원국	대한민국
	등록일자	2007.05.22	출원일자	2006.01.05
	발명인	전우상	출원인	주식회사 금정바이오
	주요기술 내용	폐식용류 원료 및 초고속 원심분리기를 이용한 바이오디젤 제조장치 및 제조기술		

관련기술	주 요 내 용			
응용기술	특허명	바이오디젤 생산시 생성되는 증류 잔유물을 이용한 수용성절삭유 조성물		
	등록번호	10-0721602-0000	출원국	대한민국
	등록일자	2007.05.17	출원일자	2006.08.30
	발명인	김광순	출원인	주식회사 한국하우톤
	주요기술 내용	바이오디젤 생산시 생성되는 증류 잔유물을 이용한 수용성 절삭유 조성물 제조기술		

관련기술	주 요 내 용			
생산기술	특허명	관형 에스테르 반응기		
	등록번호	10-0717406-0000	출원국	대한민국
	등록일자	2007.05.04	출원일자	2007.05.04
	발명인	김재구	출원인	재단법인 한국계면공학연구소
	주요기술 내용	바이오디젤의 반응수율 및 반응속도 향상을 위한 관형 에스테르 반응기 도입을 통한 생산기술		

<table>
<tr><th>관련기술</th><th colspan="4">주 요 내 용</th></tr>
<tr><td rowspan="5">조성물
제조기술</td><td>특허명</td><td colspan="3">바이오디젤 및 바이오연료 첨가제</td></tr>
<tr><td>등록번호</td><td>10-0704129-0000</td><td>출원국</td><td>대한민국</td></tr>
<tr><td>등록일자</td><td>2007.03.30</td><td>출원일자</td><td>2005.07.13</td></tr>
<tr><td>발명인</td><td>김문찬</td><td>출원인</td><td>김문찬</td></tr>
<tr><td>주요기술
내용</td><td colspan="3">공중합물 첨가제를 사용하여 바이오디젤이나 바이오연료의 저온유동성을 물성 개선을 바이오디젤의 조성물 제조기술</td></tr>
</table>

<table>
<tr><th>관련기술</th><th colspan="4">주 요 내 용</th></tr>
<tr><td rowspan="5">생산기술</td><td>특허명</td><td colspan="3">바이오디젤의 생물학적 생산방법</td></tr>
<tr><td>등록번호</td><td>10-0697310-0000</td><td>출원국</td><td>대한민국</td></tr>
<tr><td>등록일자</td><td>2007.03.13</td><td>출원일자</td><td>2005.04.12</td></tr>
<tr><td>발명인</td><td>손정훈</td><td>출원인</td><td>한국생명공학
연구원</td></tr>
<tr><td>주요기술
내용</td><td colspan="3">리파제를 담체에 고정화하여 효소를 반복적으로 재사용하는 기술 및 리파제를 이용한 바이오디젤 생산기술</td></tr>
</table>

<table>
<tr><th>관련기술</th><th colspan="4">주 요 내 용</th></tr>
<tr><td rowspan="5">생산기술</td><td>특허명</td><td colspan="3">부산물을 생성하지 않는 바이오디젤 연료의 무촉매 제조법</td></tr>
<tr><td>등록번호</td><td>10-0693199-0000</td><td>출원국</td><td>일 본</td></tr>
<tr><td>등록일자</td><td>2007.03.05</td><td>출원일자</td><td>2006.02.08</td></tr>
<tr><td>발명인</td><td>이지마 와타루</td><td>출원인</td><td>도꾸리쯔 교세이호징 노우교</td></tr>
<tr><td>주요기술 내용</td><td colspan="3">동식물 유지 및 폐식용유를 원료로 사용하여 글리세린 부산물을 생성하지 않도록 무촉매를 사용한 바이오디젤 제조기술</td></tr>
</table>

<table>
<tr><th>관련기술</th><th colspan="4">주 요 내 용</th></tr>
<tr><td rowspan="5">생산기술</td><td>특허명</td><td colspan="3">1,3-위치 선택성 리파아제와 무위치 선택성 리파아제를 이용하여 바이오디젤을 제조하는 방법</td></tr>
<tr><td>등록번호</td><td>10-0673837-0000</td><td>출원국</td><td>대한민국</td></tr>
<tr><td>등록일자</td><td>2007.01.18</td><td>출원일자</td><td>2005.11.25</td></tr>
<tr><td>발명인</td><td>김승욱</td><td>출원인</td><td>고려대학교 산학협력단</td></tr>
<tr><td>주요기술 내용</td><td colspan="3">1,3-위치 선택성 리파아제 및 무위치 선택성 리파아제를 조합 기술을 통해 생산효율 극대화를 위한 바이오디젤 생산기술</td></tr>
</table>

<table>
<tr><th>관련기술</th><th colspan="4">주 요 내 용</th></tr>
<tr><td rowspan="5">응용기술</td><td>특허명</td><td colspan="3">디젤엔진의 식물성 기름 가열장치</td></tr>
<tr><td>등록번호</td><td>10-0666081-0000</td><td>출원국</td><td>대한민국</td></tr>
<tr><td>등록일자</td><td>2007.01.02</td><td>출원일자</td><td>2005.04.01</td></tr>
<tr><td>발명인</td><td>이근태</td><td>출원인</td><td>이근태</td></tr>
<tr><td>주요기술 내용</td><td colspan="3">식물성 기름탱크 및 경유 탱크을 통해 식물성 기름과 경유를 혼용하여 동력이 발생되도록 하는 디젤엔진의 식물성 기름 가열장치 기술로서 불완전 연소 최소화 및 연료 공급라인의 막힘 현상의 예방 기술</td></tr>
</table>

<table>
<tr><th>관련기술</th><th colspan="4">주 요 내 용</th></tr>
<tr><td rowspan="5">정제기술</td><td>특허명</td><td colspan="3">식물성 폐식용유와 정제 연료유를 이용한 바이오 정제유의 제조방법</td></tr>
<tr><td>등록번호</td><td>10-0584091-0000</td><td>출원국</td><td>대한민국</td></tr>
<tr><td>등록일자</td><td>2006.05.22</td><td>출원일자</td><td>2003.04.10</td></tr>
<tr><td>발명인</td><td>김용신,김성운</td><td>출원인</td><td>김용신</td></tr>
<tr><td>주요기술 내용</td><td colspan="3">폐식용유 및 자동차, 기계 등의 폐유을 이용한 바이오 정제유의 제조기술로서 각 원료 조성물비 및 알카리 촉매에 의한 감압증류 기술을 특징으로 함.</td></tr>
</table>

<table>
<tr><th>관련기술</th><th colspan="4">주 요 내 용</th></tr>
<tr><td rowspan="5">응용기술</td><td>특허명</td><td colspan="3">바이오디젤 연료이 산화도 측정 장치 및 방법</td></tr>
<tr><td>등록번호</td><td>10-0579974-0000</td><td>출원국</td><td>대한민국</td></tr>
<tr><td>등록일자</td><td>2006.05.08</td><td>출원일자</td><td>2004.06.07</td></tr>
<tr><td>발명인</td><td>김점섭</td><td>출원인</td><td>현대자동차 주식회사</td></tr>
<tr><td>주요기술 내용</td><td colspan="3">바이오디젤 연료의 산화도 측정 장치 도입으로 산화정도를 사전 모니터링 시스템 기술</td></tr>
</table>

<table>
<tr><th>관련기술</th><th colspan="4">주 요 내 용</th></tr>
<tr><td rowspan="5">정제기술</td><td>특허명</td><td colspan="3">단일단계 연속공정을 통한 고순도 지방산 알킬에스테르의 제조방법</td></tr>
<tr><td>등록번호</td><td>10-0556337-0000</td><td>출원국</td><td>대한민국</td></tr>
<tr><td>등록일자</td><td>2006.02.23</td><td>출원일자</td><td>2002.02.05</td></tr>
<tr><td>발명인</td><td>유정우</td><td>출원인</td><td>주식회사 가야에너지</td></tr>
<tr><td>주요기술 내용</td><td colspan="3">글리세린, 촉매 등을 제거하는 공정을 포함하는, 단일단계의 연속공정을 통한 고순도의 지방산 에스테르를 얻는 정제기술</td></tr>
</table>

<table>
<tr><th>관련기술</th><th colspan="4">주 요 내 용</th></tr>
<tr><td rowspan="5">생산기술</td><td>특허명</td><td colspan="3">동물성 기름을 이용한 바이오디젤유의 제조방법</td></tr>
<tr><td>등록번호</td><td>10-0447283-0000</td><td>출원국</td><td>대한민국</td></tr>
<tr><td>등록일자</td><td>2004.08.26</td><td>출원일자</td><td>2001.12.15</td></tr>
<tr><td>발명인</td><td>이기영</td><td>출원인</td><td>장용훈</td></tr>
<tr><td>주요기술 내용</td><td colspan="3">전처리가 용이하고 계면이 명확하게 구분되어 경제성 있는 바이오디젤의 제조공정 기술</td></tr>
</table>

관련기술	주 요 내 용			
조성물 제조기술	특허명	경유조성물		
	등록번호	10-0128382-0000	출원국	이탈리아
	등록일자	1997.10.31	출원일자	1994.07.18
	발명인	풀비오지아바짜,페브로니오파나렐로	출원인	에우론 쏘시에떼 퍼아 찌오니
	주요기술 내용	윤활성 개선을 위한 식물성 유성종자에서 유도된 포화 및 불포화 지방산에스테르(C12~22)를 함유하는 자동차 경유 조성물 제조기술		

〈부록 2〉 미국에 등록된 특허 주요 기술 분석 내용 요약
(1998~2007년, 최근 10년간 등록일 기준)

관련기술	주 요 내 용			
조성물 제조기술	특허명	Viscosity modification of heavy hydrocarbons		
	등록번호	07252755	출원국	미 국
	등록일자	2007.08.07	출원일자	2003.04.07
	발명인	Melvin D. Kiser	출원인	Marathon Ashland Petroleum Co.
	주요기술 내용	점도를 낮추고 높은 연화점 물성을 갖도록 하는 바이오디젤 제조기술		

<table>
<tr><th>관련기술</th><th colspan="4">주 요 내 용</th></tr>
<tr><td rowspan="5">생산기술</td><td>특허명</td><td colspan="3">System and method for extracting energy from agricultural waste</td></tr>
<tr><td>등록번호</td><td>07169821</td><td>출원국</td><td>미 국</td></tr>
<tr><td>등록일자</td><td>2007.01.30</td><td>출원일자</td><td>2004.10.28</td></tr>
<tr><td>발명인</td><td>Jerrel Dale Branson</td><td>출원인</td><td>Best Biofuels LLC c/o Smithfield Foods, Inc.</td></tr>
<tr><td>주요기술 내용</td><td colspan="3">폐 농산물을 원료로 이용한 바이오디젤 제조장치 및 제조공정 기술</td></tr>
</table>

<table>
<tr><th>관련기술</th><th colspan="4">주 요 내 용</th></tr>
<tr><td rowspan="5">생산기술</td><td>특허명</td><td colspan="3">Continuous transesterification process</td></tr>
<tr><td>등록번호</td><td>07145026</td><td>출원국</td><td>미 국</td></tr>
<tr><td>등록일자</td><td>2006.12.05</td><td>출원일자</td><td>2003.04.11</td></tr>
<tr><td>발명인</td><td>Biodiesel Technologies, Inc</td><td>출원인</td><td>Christian A. Fleisher</td></tr>
<tr><td>주요기술 내용</td><td colspan="3">고수율을 얻기 위한 연속적 공정 도입을 통해 메틸에스테르 지방산 제조기술</td></tr>
</table>

관련기술	주 요 내 용			
정제기술	특허명	Purification of glycerin		
	등록번호	07126032	출원국	미 국
	등록일자	2006.10.24	출원일자	2006.03.23
	발명인	John E. Aiken	출원인	Sunoco, Inc. (R&M)
	주요기술 내용	바이오디젤 생산과정으로부터 얻어진 글리세린 정제기술		

관련기술	주 요 내 용			
생산기술	특허명	Process for producing biodiesel fuel using triglyceride-rich oleagineous seed directly in a transesterification reaction in the presence of an alkaline alkoxide catalyst		
	등록번호	07112229	출원국	미 국
	등록일자	2006.09.26	출원일자	2005.01.20
	발명인	Carlos Nagib Khalil	출원인	Petroleo Brasileiro S.A. -Petrobras
	주요기술 내용	해리콩씨를 원료로 사용하며 에탄올과의 알칼리 촉매하에서 전이에스테르 반응을 통한 바이오디젤 제조기술		

관련기술	주 요 내 용			
생산기술	특허명	Method of making alkyl esters using glycerin		
	등록번호	07087771	출원국	미 국
	등록일자	2006.08.08	출원일자	2004.09.29
	발명인	Franz J. Luxem	출원인	Biosource America, Inc.
	주요기술 내용	글리세린을 사용한 전이에스테르 반응을 통한 바이오디젤 제조기술		

관련기술	주 요 내 용			
생산기술	특허명	Process for producing fatty acid lower alcohol ester		
	등록번호	06982155	출원국	미 국
	등록일자	2006.01.03	출원일자	2000.11.20
	발명인	Hideki Fukuda	출원인	Kansai Chemical Engineering Co.Ltd
	주요기술 내용	원료내 다량의 수분을 함유해도 제조가 용이한 것을 특징하는 리파제 효소 촉매로 이용한 바이오디젤 제조기술		

관련기술	주 요 내 용			
생산기술	특허명	Biodiesel production unit		
	등록번호	06979426	출원국	미 국
	등록일자	2005.12.27	출원일자	2002.03.15
	발명인	Russell Teall	출원인	Biodiesel Industries
	주요기술 내용	신규 바이오디젤 생산장치 기술을 도입한 바이오디젤 제조 기술		

관련기술	주 요 내 용			
생산기술	특허명	Method of converting free fatty acids to fatty acid methyl esters with small excess of methanol		
	등록번호	06965044	출원국	미 국
	등록일자	2005.11.15	출원일자	2002.07.05
	발명인	Earl G. Hammond	출원인	Iowa State University Research Foundation
	주요기술 내용	원료 내에 함유되어 있는 높은 유리지방산을 적은 양의 메탄올로써 메틸에스테르 지방산 제조기술		

<table>
<tr><th>관련기술</th><th colspan="4">주 요 내 용</th></tr>
<tr><td rowspan="6">생산기술</td><td>특허명</td><td colspan="3">Process for producing biodiesel, lubricants, and fuel and lubricant additives in a critical fluid medium</td></tr>
<tr><td>등록번호</td><td>06887283</td><td>출원국</td><td>미 국</td></tr>
<tr><td>등록일자</td><td>2005.05.03</td><td>출원일자</td><td>1999.07.22</td></tr>
<tr><td>발명인</td><td>Daniel M. Ginosar</td><td>출원인</td><td>Bechtel BWXT Idaho, LLC</td></tr>
<tr><td>주요기술 내용</td><td colspan="3">임계상 매체에서 반응속도 증가, 촉매 손실감소, 촉매활성 유지 기술을 특징으로 바이오디젤 수율 향상 기술</td></tr>
</table>

<table>
<tr><th>관련기술</th><th colspan="4">주 요 내 용</th></tr>
<tr><td rowspan="6">생산기술</td><td>특허명</td><td colspan="3">System and method for extracting energy from agricultural waste</td></tr>
<tr><td>등록번호</td><td>06824682</td><td>출원국</td><td>미 국</td></tr>
<tr><td>등록일자</td><td>2004.11.30</td><td>출원일자</td><td>2002.12.17</td></tr>
<tr><td>발명인</td><td>Jerrel Dale Branson</td><td>출원인</td><td>Best Biofuels LLC c/o Smithfield Foods, Inc.</td></tr>
<tr><td>주요기술 내용</td><td colspan="3">폐 농산물을 원료로부터 바이오디젤 제조기술</td></tr>
</table>

관련기술	주 요 내 용			
생산기술	특허명	Method of making alkyl esters using glycerin		
	등록번호	06822105	출원국	미 국
	등록일자	2004.11.23	출원일자	2003.08.12
	발명인	Franz J. Luxem	출원인	Stepan Company
	주요기술 내용	유리지방산 오일과 글리세린으로부터 전이에스테르 반응을 통해 알킬에스테르 바이오디젤 제조방법		

관련기술	주 요 내 용			
조성물 제조기술	특허명	Biodiesel sulfur slurry		
	등록번호	06802897	출원국	미 국
	등록일자	2004.10.12	출원일자	2003.05.29
	발명인	Kenneth R. Lackey	출원인	Marathon Ashland Petroleum LLC
	주요기술 내용	황 슬러를 포함하는 바이오디젤 조성물 제조기술		

관련기술	주 요 내 용			
생산기술	특허명	Method of making alkyl esters using pressure		
	등록번호	06768015	출원국	미 국
	등록일자	2004.07.27	출원일자	2003.08.12
	발명인	Franz J. Luxem	출원인	Stcpan Company
	주요기술 내용	고압(500psi) 조건하에서 메틸에스테르 제조기술		

관련기술	주 요 내 용			
응용기술	특허명	Biodiesel cutback asphalt and asphalt emulsion		
	등록번호	06764542	출원국	미 국
	등록일자	2004.07.20	출원일자	2003.05.29
	발명인	Kenneth R. Lackey	출원인	Marathon Ashland Petroleum LLC
	주요기술 내용	아스팔트 점도를 낮추기 위해 바이오디젤을 이용한 아스팔트 조성물 제조		

<table>
<tr><th>관련기술</th><th colspan="4">주 요 내 용</th></tr>
<tr><td rowspan="5">조성물
제조기술</td><td>특허명</td><td colspan="3">Fuel composition</td></tr>
<tr><td>등록번호</td><td>06719815</td><td>출원국</td><td>미 국</td></tr>
<tr><td>등록일자</td><td>2004.04.13</td><td>출원일자</td><td>2002.09.18</td></tr>
<tr><td>발명인</td><td>Gerrit Leendert Nanninga</td><td>출원인</td><td>Purac Biochem B.V</td></tr>
<tr><td>주요기술 내용</td><td colspan="3">C1-C4 알킬에스테르인 바이오디젤을 포함하는 것을 특징으로 하는 디젤연료 조성물 제조기술</td></tr>
</table>

<table>
<tr><th>관련기술</th><th colspan="4">주 요 내 용</th></tr>
<tr><td rowspan="5">생산기술</td><td>특허명</td><td colspan="3">Process for production of fatty acid methyl esters from fatty acid triglycerides</td></tr>
<tr><td>등록번호</td><td>06712867</td><td>출원국</td><td>미 국</td></tr>
<tr><td>등록일자</td><td>2004.03.30</td><td>출원일자</td><td>2000.08.16</td></tr>
<tr><td>발명인</td><td>David Gavin Brooke Boocock</td><td>출원인</td><td>Biox Corporation</td></tr>
<tr><td>주요기술 내용</td><td colspan="3">알콜대비 트리글리세리드 비로 반응성 조절하는 것을 특징으로 하는 균일상 용액에서 알콜과 트리글리세리드 에스테르 반응 공정기술</td></tr>
</table>

관련기술	주 요 내 용			
생산기술	특허명	Method of preparing lower alkyl fatty acids esters and in particular biodiesel		
	등록번호	06398707	출원국	미 국
	등록일자	2002.06.04	출원일자	2001.05.31
	발명인	Wen-TengWu	출원인	Wen-TengWu
	주요기술 내용	효소 촉매 활성화 향상 및 비활성 효소촉매 재생을 특징으로 하는 기술로써 고정화 리파제 효소를 이용한 바이오디젤 제조기술		

<table>
<tr><th>관련기술</th><th colspan="4">주 요 내 용</th></tr>
<tr><td rowspan="5">조성물 제조기술</td><td>특허명</td><td colspan="3">Process for producing biodiesel fuel with reduced viscosity and a cloud point below thirty-two (32) degrees fahrenheit</td></tr>
<tr><td>등록번호</td><td>06015440</td><td>출원국</td><td>미 국</td></tr>
<tr><td>등록일자</td><td>2000.01.18</td><td>출원일자</td><td>1997.10.31</td></tr>
<tr><td>발명인</td><td>Hossein Noureddini</td><td>출원인</td><td>The Board of Regents of the University of Nebraska</td></tr>
<tr><td>주요기술 내용</td><td colspan="3">에테르화 물질(이소부틸렌 등)을 이용하여 글리세롤을 글리세롤 에테르로 만들어 바이오디젤에 첨가하여 점도를 낮추는 것을 특징으로 하는 조성물 제조기술</td></tr>
</table>

<table>
<tr><th>관련기술</th><th colspan="4">주 요 내 용</th></tr>
<tr><td rowspan="5">응용기술</td><td>특허명</td><td colspan="3">Fuel lubricity from blends of a diethanolamine derivative and biodiesel</td></tr>
<tr><td>등록번호</td><td>05891203</td><td>출원국</td><td>미 국</td></tr>
<tr><td>등록일자</td><td>1999.04.06</td><td>출원일자</td><td>1998.01.20</td></tr>
<tr><td>발명인</td><td>Keith Frederick Ball</td><td>출원인</td><td>Ethyl Corporation</td></tr>
<tr><td>주요기술 내용</td><td colspan="3">저황 성분을 함유하며 윤활성을 개선하기 위한 첨가제로서의 바이오디젤과 디에탄올아민의 조성물 제조기술</td></tr>
</table>

관련기술	주 요 내 용			
조성물 제조기술	특허명	Production of biodiesel, lubricants and fuel and lubricant additives		
	등록번호	05713965	출원국	미 국
	등록일자	1998.02.03	출원일자	1996.04.12
	발명인	Thomas A. Foglia	출원인	The United States of America as represented by the Secretary of Agriculture
	주요기술 내용	바이오디젤을 포함하는 윤활율 조성물 제조 기술		

<table>
<tr><th>관련기술</th><th colspan="4">주 요 내 용</th></tr>
<tr><td rowspan="5">조성물
제조기술</td><td>특허명</td><td colspan="3">Biodiesel fuel</td></tr>
<tr><td>등록번호</td><td>05578090</td><td>출원국</td><td>미 국</td></tr>
<tr><td>등록일자</td><td>1996.11.26</td><td>출원일자</td><td>1995.06.07</td></tr>
<tr><td>발명인</td><td>David S. Bradin</td><td>출원인</td><td>BRI</td></tr>
<tr><td>주요기술
내용</td><td colspan="3">메틸에스테르 지방산과 첨가제인 글리세롤 에테르를 포함하는 바이오디젤 연료 조성물 제조기술</td></tr>
</table>

〈부록 3〉 각 국가별 바이오디젤 관련 특허출원 현황
(1998~2007년, 최근 10년간 출원일 기준)

출원국	발명의 명칭	출원일	출원번호	출원인
WO	MICROREACTOR PROCESS FOR MAKING BIODIESEL	2007. 05.30	US20070012763	STATE OF OREGON ACTING BY AND THROUGH THE STATE BOARD OF HIGHER EDUCATION ON BEHALF OF OREGON STATE UNIVERSITY
WO	GREEN BIODIESEL	2007. 05.30	US20070069951	THE PENN STATE RESEARCH FOUNDATION
WO	MANUFACTURE OF BIODIESEL	2007. 05.25	GB2007001957	DZL LIMITED
WO	HYDRAULIC FLUIDS AND FIRE-RESISTANT FLUIDS COMPRISING GLYCERIN CONTAINING BY-PRODUCTS	2007. 05.22	US20070069444	NALCO COMPANY
WO	APARATUS AND METHOD FOR PRODUCING BIODIESEL FUEL	2007. 04.27	US20070010437	ORBITEK, INC
WO	METHOD OF PRODUCING BIOFUELS, AND RELATED APPARATUS	2007. 04.10	US20070008893	-

출원국	발명의 명칭	출원일	출원번호	출원인
WO	METHOD FOR PRODUCTION OF FATTY ACID ESTER, APPARATUS FOR PRODUCTION OF FATTY ACID ESTER, AND CATALYST	2007. 04.03	JP2007057481	TOHOKU TECHNO ARCH CO., LTD.
WO	BIODIESEL PRODUCTION	2007. 03.30	GB2007001192	GREENERGY BIOFUELS LIMITED
WO	FUEL ADDITIVES	2007. 03.28	US20070065407	-
WO	GLYCERIN BY-PROCUCTS AND METHODS OF USING SAME	2007. 03.21	US20070007033	NALCO COMPANY
WO	USE OF UNSAPONIFIABLE MATTER OF GRAPE SEED OIL AS ANTIOXIDANT ADDITIVE FOR BIODIESEL	2007. 03.06	IB2007050739	Universit?degli Studi di Udine
WO	PHYSICAL REFINING PROCESS USING ADSORBENT PARTICLES FOR THE PRODUCTION OF BIODIESEL FUEL	2007. 02.27	EP2007001688	GRACE GMBH & CO. KG
WO	APPARATUS AND METHOD FOR CONTINUOUS PRODUCTION OF BIODIESEL FUEL	2007. 02.21	US20070062501	NEXTGEN FUEL, INC

출원국	발명의 명칭	출원일	출원번호	출원인
WO	BIODIESEL-RESISTANT PLASTICS FOIL	2007. 02.20	EP2007051616	SIKA TECHNOLOGY AG
WO	FATTY ACID BY-PRODUCTS AND METHODS OF USING SAME	2007. 02.16	US20070004285	NALCO COMPANY
WO	FATTY ACID BY-PRODUCTS AND METHODS OF USING SAME	2007. 02.16	US20070004284	NALCO COMPANY
WO	PRODUCTION OF GASOLINE FROM FERMENTABLE FEEDSTOCKS	2007. 02.14	US20070003746	CPS BIOFUELS, INC.
WO	MOTOR FUEL COMPOSITIONS COMPRISING RENEWABLE RAW MATERIALS	2007. 02.13	EP2007051361	ROHMAX ADDITIVES GMBH
WO	METHOD FOR DEACIDIFYING OILS AND/OR FATS	2007. 02.09	EP2007001122	ASER S.R.L.
WO	METHOD OF INCREASING THE OXIDATION STABILITY OF BIODIESEL	2007. 02.06	EP2007051110	DEGUSSA GMBH
WO	BIODIESEL FUEL ADDITIVE	2007. 01.26	US20070002270	ORYXE ENERGY INTERNATIONAL, INC.

출원국	발명의 명칭	출원일	출원번호	출원인
WO	ANTIOXIDANT COMPOSITIONS USEFUL IN BIODIESEL AND OTHER FATTY ACID AND ACID ESTER COMPOSTIONS	2007. 01.25	US20070001863	EASTMAN CHEMICAL COMPANY
WO	PROCESS FOR THE PREPARATION OF BIODIESEL	2007. 01.16	IB2007000104	MERLONI PROGETTI S.P.A.
WO	METHOD FOR OBTAINING A BIODIESEL FROM VEGETABLE OILS OF VARIABLE ACIDITY DEGREE IN A CONTINUOUS SYSTEM AND BIODIESEL FUEL OBTAINED	2007. 01.18	ES2007000019	BIODIESEL DE ANDALUC? 2004, S.A.
WO	SYNTHESIS OF BIODIESEL USING ALKALI ION CONDUCTIVE CERAMIC MEMBRANES	2007. 01.11	US20070000968	CERAMATEC, INC.
WO	BIODIESEL FUEL ENGINE SYSTEM AND METHOD OF DRIVING BIODIESEL FUEL ENGINE	2007. 01.11	JP2007050194	-
WO	SIMULTANEOUS SYNTHESIS AND PURIFICATION OF A FATTY ACID MONOESTER BIODIESEL FUEL	2007. 01.10	US20070000623	ARCHER DANIELS MIDLAND COMPANY

출원국	발명의 명칭	출원일	출원번호	출원인
WO	EQUIPMENT AND PROCESS FOR PRODUCING BIODIESEL USING ULTRASOUND AND HYDROGEN PEROXIDE	2007. 01.02	FI2007000002	GREENVIRONMENT OY
WO	PROCESSES OF PRODUCING BIODIESEL AND BIODIESEL PRODUCED THEREFROM	2006. 12.29	US20060049680	ARCHER DANIELS MIDLAND COMPANY
WO	STABILIZED BIODIESEL FUEL COMPOSITIONS	2006. 12.22	EP2006070139	CIBA SPECIALTY CHEMICALS HOLDING INC.
WO	REACTIVE DILUENT FOR ONE OR TWO COMPONENT PU FOAMS	2006. 12.14	EP2006012055	-
WO	DEVICE FOR A FUEL SYSTEM AT AN ENGINE POWERED VEHICLE	2006. 12.27	NO2006000498	BIODIESEL NORGE
WO	PRODUCTION OF BIODIESEL FROM TRIGLYCERIDES BY USING THERMAL CRACKING	2006. 12.12	CA2006002015	HER MAJESTY THE QUEEN IN RIGHT OF CANADA AS REPRESENTED BY THE MINISTER OF NATURAL RESOURCES CANADA

출원국	발명의 명칭	출원일	출원번호	출원인
WO	METHOD FOR REMOVING IMPURITIES FROM FATTY ACID METHYL ESTERS BASED ON NATURAL FATS AND OILS	2006. 12.07	EP2006011763	-
WO	CONTINUOUS FLOW BIODIESEL PROCESSOR	2006. 11.28	US20060045743	-
WO	NOVEL REACTORSAND A PROCESS TO PRODUCE BIODIESEL USINGHOMOGENEOUSALKALINE CATALYST	2006. 11.20	TR2006000059	-
WO	ALTERNATIVE FUEL AND FUEL ADDITIVE COMPOSITIONS	2006. 11,17	US20060044789	CPS BIOFUELS, INC.
WO	A METHOD FOR PRODUCING BIODIESEL USING SUPERCRITICAL ALCOHOLS	2006. 11.16	KR20060004828	-
WO	BIODIESEL PURIFICATION METHOD AND SYSTEM	2006. 11.16	AT2006000470	BIODIESEL ENGINEERING LIMITED.
WO	BIODIESEL FUEL COMPOSITIONS HAVING INCREASED OXIDATIVE STABILITY	2006. 11.15	US20060060920	NOVUS INTERNATIONAL, INC.
WO	TRANSESTERIFICATION OF OIL TO FORM BIODIESELS	2006. 11.15	US20060060925	DOMESTIC ENERGY PARTNERS, LLC

출원국	발명의 명칭	출원일	출원번호	출원인
WO	METHOD OF BIODIESEL PRODUCTION	2006. 10.27	NZ2006000277	AUCKLAND UNISERVICES LIMITED
WO	PROCESS FOR THE SOLUTION CRYSTALLIZATION OF MIXTURES	2006. 09.15	EP2006009000	FORSCHUNGSZENTRUM KARLSRUHE GMBH
WO	HEATING DEVICE FOR EXHAUST GAS IN INTERNAL-COMBUSTIO N ENGINE	2006. 09.29	KR20060003927	KOREA INSTITUTE OF ENERGY RESEARCH
WO	IMPROVED BIODIESEL FUEL, ADDITIVES, AND LUBBRICANTS	2006. 08.29	US20060033659	CPS BIOFUELS, INC.
WO	METHOD, APPARATUS AND SYSTEM FOR BIODIESEL PRODUCTION FROM ALGAE	2006. 08.24	US20060033252	SUNSOURCE INDUSTRIES
WO	METHODS AND APPARATUS FOR REMOVAL OF DEGRADATION BYPRODUCTS AND CONTAMINANTS FROM OIL FOR USE IN PREPARATION OF BIODIESEL	2006. 08.02	US20060030211	SOANE LABORATORIES, LLC
WO	BIODIESEL FUEL AND PROCESS FOR PRODUCTION THEREOF	2005. 07.29	JP2005013926	DAWN OF THE WORLD CORPORATION

출원국	발명의 명칭	출원일	출원번호	출원인
WO	METHOD FOR PRODUCTION OF CARBOXYLATE ALKYL ESTERS	2006. 07.24	AT200600031	BDI BIODIESEL INTERNATIONAL AG
WO	USE OF BLEACHED BIODIESEL AS A PLASTICIZER	2006. 07.06	EP2006006623	CONSTRUCTION RESEARCH & TECHNOLOGY GMBH
WO	BIODIESEL PRODUCTION PROCESS WITHOUT CATALYST IN CONTINUOUS CONDITIONS	2006. 07.05	BR2006000137	INTECNIAL S.A
WO	BIODIESEL FUEL MIXTURE CONTAINING POLYOXYMETHYLENE DIALKYL ETHER	2006. 06.26	EP2006063531	BASF AKTIENGESELLSCHAFT
WO	PROCESSES FOR PRODUCING HIGHER FATTY ACID ESTERS	2006. 06.20	JP2006312323	TOKYO INSTITUTE OF TECHNOLOGY
WO	FUEL COMPOSITION CONTAINING BIOETHANOL AND BIODIESEL FOR INTERNAL COMBUSTION ENGINE	2006. 06.09	KR20060002222	PURE LIFE Co., LTD.
WO	A NEW BIODIESEL COMPOSITION	2006. 05.30	EP2006062746	MONSANTO S.A.S.

출원국	발명의 명칭	출원일	출원번호	출원인
WO	PRODUCTION OF BIODIESEL FROM BALANITES AEGYPTIACA	2006. 05.25	IL2006000622	BEN GURION UNIVERSITY OF THE NEGEV RESEARCH AND DEVELOPMENT AUTHORITY
WO	A METHOD FOR THE PRODUCTION OF BIODIESEL, STARTING FROM HIGH IODINE NUMBER FATTY SUBSTANCES	2006. 04.18	IT2006000258	CONSIGLIO NAZIONALE DELLE RICERCHE - ISTITUTO DI SCIENZE E TECNOLOGIE MOLECOLARI
WO	PRODUCTION OF BIODIESEL USING EXPANDED GAS SOLVENTS	2006. 04.18	US20060014633	BATTELLE ENERGY ALLIANCE LLC
WO	USE OF KOSTELETZKYA FOR PRODUCTION OF SEASIDE BIODIESEL FUEL	2006. 04.11	US20060013399	UNIVERSITY OF DELAWARE
WO	PROCESS AND SYSTEM FOR PRODUCING BIODIESEL OR FATTY ACID ESTERS FROM MULTIPLE TRIGI YCERIDE FEEDSTOCKS	2006. 02.09	US20060004935	RENEWABLE PRODUCTS DEVELOPMENT LABORATORIES, INC.
WO	CATALYTIC PROCESS FOR THE ESTERIFICATION OF FATTY ACIDS	2006. 02.02	BR2006000013	UNIVERSIDADE FEDERAL DO RIO DE JANEIRO-UFRJ

출원국	발명의 명칭	출원일	출원번호	출원인
WO	MICROWAVE-ENHANCED PROCESS TO MAXIMIZE BIODIESEL PRODUCTION CAPACITY	2006. 01.26	US20060003001	IMPERIAL PETROLEUM RECOVERY CORP.
WO	CLEANER BURNING DIESEL FUEL	2006. 01.19	US20060001814	CLEAN DIESEL TECHNOLOGIES, INC.
WO	COMPOSITIONS WHICH CAN BE USED AS BIOFUEL	2006. 01.10	EP2006000121	COGNIS IP MANAGEMENT GMBH
WO	METHOD AND SYSTEM FOR FUELING A POWER/HEAT GENERATING UNIT WITH PLASTIC MATERIAL	2005. 12.13	US20050044960	GENERAL ATOMICS
WO	THE PROCESS FOR PREPARING BIODIESEL	2005. 11.17	CN2005001940	THE CHINESE UNIVERSITY OF HONG KONG
WO	PROCESS FOR PRODUCING ESTERS FROM VEGETABLE OILS OR ANIMAL FATS USING HETEROGENEOUS CATALYSTS	2005. 11.09	EP2005011985	ASER S.R.L.
WO	BIODIESEL PROCESS	2005. 09.26	US20050034275	ARTISAN INDUSTRIES INC.

출원국	발명의 명칭	출원일	출원번호	출원인
WO	PROCESS FOR PRODUCTION OF BIODIESEL FUEL COMPOSITIONS AND EQUIPMENT THEREFOR	2005. 08.01	JP2005014015	DAWN OF THE WORLD CORPORATION
WO	BRANCHED BIODIESELS	2005. 06.17	EP2005052838	Akzo Nobel N.V.
WO	METHODS FOR PRODUCING BIODIESEL	2005. 06.15	US20050021173	CARNEGIE MELLON UNIVERSITY
WO	BIODIESEL MOTOR FUEL ADDITIVE COMPOSITION	2005. 06.02	US20050019216	POLAR MOLECULAR CORPORATION
WO	PROCESS FOR INCREASING THROUGHPUT OF CORN FOR OIL EXTRACTION	2005. 04.14	US20050012545	CARGILL, INCORPORATED
WO	BLENDS OF SYNTHETIC DISTILLATE AND BIODIESEL FOR LOW NITROGEN OXIDE EMISSIONS FROM DIESEL ENGINES	2005. 03.09	US20050007663	CONOCOPHILLIPS COMPANY
WO	PRODUCT FOR DUST CONTROL AND FREEZE CONTROL	2005. 03.08	US20050007462	NALCO COMPANY

출원국	발명의 명칭	출원일	출원번호	출원인
WO	A NEW PROCESS FOR PRODUCING BIODIESEL FROM OILS AND FATS CATALYZED BY LIPASE IN ORGANIC MEDIUM REACTION SYSTEM	2004. 11.29	CN2004001372	TSINGHUA UNIVERSITY
WO	PROCESS FOR PRODUCING DICHLOROPROPANOL FROM GLYCEROL, THE GLYCEROL COMING EVENTUALLY FROM THE CONVERSION OF ANIMAL FATS IN THE MANUFACTURE OF BIODIESEL	2004. 11.18	EP2004053008	SOLVAY (Soci??Anonyme)
WO	CHEMICAL SYNTHESIS METHOD COMPRISING ELECTRO-CATALYTIC REACTION AND APPARATUS THEREFOR	2004. 11.12	US20040038001	ECR TECHNOLOGIES, INC.
WO	BIODIESEL PRODUCTION FROM SOAPSTOCK	2004. 11.09	BR2004000218	COGNIS IP MANAGEMENT GMBH
WO	IMPROVED PROCESS FOR THE PREPARATION OF FATTY ACID METHYL ESTER (BIODIESEL) FROM TRIGLYCERIDE OIL THROUGH TRANSESTERIFICATION	2004. 10.20	IN2004000329	COUNCIL OF SCIENTIFIC AND INDUSTRIAL RESEARCH

출원국	발명의 명칭	출원일	출원번호	출원인
WO	PRODUCTION OF BIODIESEL AND OTHER VALUABLE CHEMICALS FROM WASTE WATER TREATMENT PLANT SLUDGES	2004. 10.04	US20040032422	MISSISSIPPI STATE UNIVERSITY
WO	PURIFICATION OF BIODIESEL WITH ADSORBENT MATERIALS	2004. 10.01	US20040032637	THE DALLAS GROUP OF AMERICA, INC.
WO	MODIFIER FOR BIODIESEL FUEL, FUEL, METHODS RELATING TO THOSE	2004. 09.29	JP2004014230	SUN CARE FUELS CORPORATION
WO	METHOD OF PRODUCTION OF FATTY ACID ALKYL ESTERS AND/OR GLYCERINE AND FATTY ACID ALKYL ESTER-CONTAINING COMPOSITION	2004. 08.30	JP2004012876	NIPPON SHOKUBAI CO., LTD.
WO	PROCESS FOR NON-CATALYTICALLY PRODUCING BIODIESEL FUEL WITHOUT YIELDING BY-PRODUCT	2004. 08.10	JP2004011485	INCORPORATED ADMINISTRATIVE AGENCY, NATIONAL AGRICULTURAL AND BIO-ORIENTED RESEARCH ORGANIZATION
WO	METHOD OF MAKING ALKYL ESTERS USING GLYCERIN	2004. 07.07	US20040021592	STEPAN COMPANY

출원국	발명의 명칭	출원일	출원번호	출원인
WO	LOW-SULPHUR DIESEL FUEL AND USE OF FATTY ACID MONOALKYL ESTERS AS LUBRICANT IMPROVERS FOR LOW-SULPHUR DIESEL FUELS	2004. 06.22	AT2004000214	BDI ANLAGENBAU GESELLSCHAFT M.B.H.
WO	PROCESS FOR PRODUCTION OF FATTY ACID ESTER COMPOSITIONS	2004. 06.04	JP2004007835	ASAHI KASEI KABUSHIKI KAISHA
WO	METHOD OF MAKING ALKYL ESTERS USING PRESSURE	2004. 05.03	US20040013851	STEPAN COMPANY
WO	VISCOSITY MODIFICATION OF HEAVY HYDROCARBONS	2004. 04.06	US20040010550	MARATHON ASHLAND PETROLEUM LLC
WO	LOW VISCOSITY, HIGH CARBON YIELD PITCH PRODUCT	2004. 04.06	US20040010519	MARATHON ASHLAND PETROLEUM LLC
WO	METHOD AND APPARATUS FOR REFINING BIODIESEL	2004. 03.17	US20040008294	PELLY, Michael, F.
WO	SYNTHETICAL METHOD OF BIODIESEL FROM OILS AND FATS	2004. 01.15	CN2004000051	TSINGHUA UNIVERSITY
WO	IMPROVED PROCESS FOR PREPARING FATTY ACID ALKYLESTERS USING AS BIODIESEL	2003. 12.30	IN2003000416	COUNCIL OF SCIENTIFIC AND INDUSTRIAL RESEARCH

출원국	발명의 명칭	출원일	출원번호	출원인
WO	METHOD FOR DETERMINATION OF FREE AND COMBINED GLYCERIN IN BIODIESEL	2003. 12.22	US20030041050	STEPAN COMPANY
WO	AN IMPROVED PROCESS FOR THE PREPARATION OF BIO-DIESEL	2003. 11.24	IB2003005349	COUNCIL OF SCIENTIFIC AND INDUSTRIAL RESEARCH
WO	SIMPLE BIODIESEL PRODUCTION DEVICE	2003. 10.14	AU2003001352	SHULZE, Terry
WO	PROCESS FOR PRODUCING BIODIESEL	2003. 09.29	GB2003004212	PETROLEO BRASILEIRO S.A.-PETROBRAS
WO	METHOD FOR IMPROVING THE LONG TERM STABILITY OF BIODIESEL	2003. 09.23	EP2003010550	LURGI AG
WO	METHOD AND DEVICE FOR PRODUCING BIODIESEL	2003. 09.08	EP2003009965	OELM?LE LEER CONNEMANN GMBH & CO.
WO	PROCESS FOR PRODUCING BIODIESEL	2003. 07.21	GB2003003126	PETROLEO BRASILEIRO S.A.-PETROBRAS
WO	SYSTEM AND METHOD FOR EXTRACTING ENERGY FROM AGRICULTURAL WASTE	2002. 12.17	US20020040116	BRANSON, Jerrel, Dale
WO	METHOD FOR PRODUCTION OF ALKYL ESTERS	2002. 11.27	AU2002001594	BIODIESEL AUSTRALIA PTY LTD
WO	METHOD AND APPARATUS FOR MAKING BIODIESEL FUEL	2002. 09.04	US20020028234	BIO-CLEAN FUELS, INC.

출원국	발명의 명칭	출원일	출원번호	출원인
WO	PROCESSES AND DEVICES FOR IMPROVING THE REACTIVITY OF NATURAL TRIGLYCERIDES WITH MICROWAVE RADIATION	2002. 07.09	IB200202670	IPCTISA S.R.L.
WO	BIODIESEL-FISCHER-TROPSCH HYDROCARBON BLEND	2002. 06.27	ZA2002000104	SASOL TECHNOLOGY (PTY) LTD
WO	CORN OIL PROCESSING AND PRODUCTS COMPRISING CORN OIL AND CORN MEAL OBTAINED FROM CORN	2002 .01.15	US20020001282	RENESSEN LLC
WO	PRODUCTS COMPRISING CORN OIL AND CORN MEAL OBTAINED FROM HIGH OIL CORN	2001. 08.10	US20010025055	RENESSEN LLC
WO	COMPOSITIONS	2001. 02.22	GB200100749	AAE TECHNOLOGIES INTERNATIONAL LIMITED
WO	A PROCESS FOR PRODUCING BIODIESEL, LUBRICANTS, AND FUEL AND LUBRICANT ADDITIVES IN A CRITICAL FLUID MEDIUM	1999. 07.22	US19990016669	LOCKHEED MARTIN IDAHO TECHNOLOGIES COMPANY
WO	ADDITIVE FOR BIODIESEL AND BIOFUEL OILS	1998. 11.18	EP199807410	ROHMAX ADDITIVES GMBH

출원국	발명의 명칭	출원일	출원번호	출원인
JP	BIODIESEL COMPOSITION DERIVED FROM COCONUT PALM	2006. 06.12	2006162749	MALAYSIAN PALM OIL BOARD
JP	MANUFACTURING APPARATUS FOR BIODIESEL FUEL AND MANUFACTURING PROCESS FOR BIODIESEL FUEL	2005. 10.04	2005290659	HAYAFUJI SHIGETO
JP	PRODUCTION OF FUEL	2005. 09.20	2005272117	SUNHO BIODIESEL CORP
JP	BIODIESEL FUEL COMPOSITION AND METHOD FOR USING THE SAME	2005. 07.06	2005197046	NISSAN MOTOR CO LTD
JP	METHOD FOR PRODUCING ALKYL ESTER	2005. 02.23	2005046988	SUNHO BIODIESEL CORP
JP	MANUFACTURING METHOD AND ITS PRODUCT OF ALKYLATE-BASED BIODIESEL	2005. 02.04	2005028444	GIBSON CORP
JP	METHOD FOR PRODUCING HYDROGEN AND ETHANOL FROM BIODIESEL WASTE LIQUID AND KIT FOR PERFORMING THE METHOD	2004. 12.27	2004378043	HIROSHIMA UNIV
JP	METHOD FOR PRODUCING FATTY ACID ESTER	2004. 10.05	2004292212	TOHOKU TECHNO ARCH CO LTD

출원국	발명의 명칭	출원일	출원번호	출원인
JP	METHOD FOR PRODUCING HIGH-PURITY/LOW-COST BIODIESEL FUEL BY UTILIZING ELECTRON AND CAVITATION ACTION	2004. 10.01	2004317148	MICRO AQUA:KK
JP	PRODUCTION METHOD FOR FATTY ACID ALKYL ESTER AND/OR GLYCEROL AND FATTY ACID ALKYL ESTER-CONTAINING COMPOSITION	2004. 08.25	2004245864	NIPPON SHOKUBAI CO LTD
JP	METHOD FOR PRODUCING BIODIESEL FUEL	2004. 06.14	2004175903	ELECTRIC POWER DEV CO LTD
JP	METHOD FOR PRODUCING BIODIESEL FUEL FROM ACIDIC OILS AND FATS AND DETERIORATED OILS AND FATS	2004. 06.14	2004175902	ELECTRIC POWER DEV CO LTD
JP	TECHNIQUE FOR PRODUCING LOW-EXHAUST TYPE BIODIESEL FUEL	2004. 06.14	2004175901	ELECTRIC POWER DEV CO LTD
JP	ADDITIVE FOR BIODIESEL FUEL	2004. 06.14	2004175900	ELECTRIC POWER DEV CO LTD
JP	METHOD FOR PRODUCING FATTY ACID ALKYL ESTER COMPOSITION	2004. 06.14	2004175899	ELECTRIC POWER DEV CO LTD

출원국	발명의 명칭	출원일	출원번호	출원인
JP	EMULSIFIED FUEL USING BIODIESEL FUEL AND ITS MANUFACTURING PROCESS	2004. 06.07	2004169107	KAGOSHIMA TLO CO LTD
JP	BIODIESEL FUEL AND METHOD FOR PRODUCING THE SAME	2004. 02.05	2004029638	DAWN OF THE WORLD:KK
JP	WASTE TREATMENT SYSTEM	2003. 01.07	2003000844	TOKYO ELEX KK
JP	METHOD FOR USING ENGINE WITH SUSPENDED PARTICULATE MATTER COLLECTING FILTER	2002. 10.16	2002301226	KOMOTETSUKU: KK
JP	BIODIESEL FUEL OIL	2001. 04.30	2001171781	ISHIBASHI SEKIYU:KK
JP	TRANSESTERIFICATION	1999. 03.29	1999085894	NAGASE & CO LTD
JP	BLEND OF DIETHANOLAMINE DERIVATIVE FOR IMPROVING LUBRICITY OF FUEL, WITH BIODIESEL FUEL	1999. 01.14	1999008004	ETHYL CORP

출원국	발명의 명칭	출원일	출원번호	출원인
EP	Use of the glycerol phase from biodiesel production as a fuel	2007. 04.26	2007450078	Wopfinger Baustoffindustrie GmbH
EP	Biodiesel cold filtration process	2007. 02.02	2007250435	Renewable Energy Group, Inc.
EP	Chemical markers	2007. 02.02	2007250452	Rohm and Haas Company
EP	Palm-based biodiesel formulation	2006. 06.12	06253015.9	Malaysian Palm Oil Board
EP	Biodiesel production process through transesterification/esterification reaction of vegetal oils or animal fats with alcohols induced by microwave radiation	2006. 04.26	2006008648	Dall `Oglio, Evandro Luiz
EP	Polymer film resistant to biodiesel	2006. 02.20	2006110172	Sika Technology AG
EP	Process for increasing the oxidative stability of biodiesel	2006. 02.10	06101502.0	DEGUSSA AG
EP	Process for increasing the oxidative stability of biodiesel	2006. 02.10	06101504.6	DEGUSSA AG
EP	Process for increasing the oxidative stability of biodiesel	2006. 02.10	2006101504	DEGUSSA AG
EP	Reactive diluent for one or two component PU foams	2005. 12.14	2005077859	de Schrijver, Aster

출원국	발명의 명칭	출원일	출원번호	출원인
EP	Process and apparatus for purifying biodiesel	2005. 11.18	2005025201	Biodiesel Engineering Limited
EP	BIODIESEL PROCESS	2005. 09.26	2005805668	Artisan Industries Inc.
EP	Fuel production	2005. 09.19	2005291933	Sunho Biodiesel Corporation
EP	A new biodiesel composition	2005. 05.30	05291162.	Monsanto S.A.S.
EP	Methods for producing alkyl esters	2004. 12.29	2004293167	Sunho Biodiesel Corporation
EP	A NEW PROCESS FOR PRODUCING BIODIESEL FROM OILS AND FATS CATALYZED BY LIPASE IN ORGANIC MEDIUM REACTION SYSTEM	2004. 11.29	2004797388	Tsinghua University
EP	PROCESS FOR PRODUCING DICHLOROPROPANOL FROM GLYCEROL, THE GLYCEROL COMING EVENTUALLY FROM THE CONVERSION OF ANIMAL FATS IN THE MANUFACTURE OF BIODIESEL	2004. 11.18	2004819682	SOLVAY
EP	Process for producing dichloropropanol from glycerol, the glycerol coming eventualy from the manufacture of biodiesel	2004. 11.18	2006121391	-

출원국	발명의 명칭	출원일	출원번호	출원인
EP	BIODIESEL PRODUCTION FROM SOAPSTOCK	2004. 11.09	2004797135	Cognis IP Management GmbH
EP	PRODUCTION OF BIODIESEL AND OTHER VALUABLE CHEMICALS FROM WASTE WATER TREATMENT PLANT SLUDGES	2004. 10.04	2004793997	Mississippi State University
EP	PURIFICATION OF BIODIESEL WITH ADSORBENT MATERIALS	2004. 10.01	2004794109	The Dallas Group of America, Inc
EP	MODIFIER FOR BIODIESEL FUEL, FUEL, METHODS RELATING TO THOSE	2004. 09.29	2004788296	Sun Care Fuels Corporation
EP	Fuel lubricated sliding mechanism	2004. 08.06	2004018718	Nissan Motor Co., Ltd.
EP	METHOD AND APPARATUS FOR REFINING BIODIESEL	2004. 03.17	2004757809	Pelly, Michael F
EP	IMPROVED PROCESS FOR PREPARING FATTY ACID ALKYLESTERS USING AS BIODIESEL	2003. 12.30	2003782777	COUNCIL OF SCIENTIFIC & INDUSTRIAL RESEARCH
EP	PROCESS FOR PRODUCING BIODIESEL	2003. 07.21	2003740828	Petroleo Brasileiro S.A. Petrobras
EP	METHOD FOR DETERMINATION OF FREE AND COMBINED GLYCERIN IN BIODIESEL	2003. 12.22	2003814344	STEPAN COMPANY

출원국	발명의 명칭	출원일	출원번호	출원인
EP	METHOD FOR PRODUCTION OF ALKYL ESTERS	2002. 11.27	2002779013	Biodiesel Australia Ltd
EP	METHOD AND DEVICE FOR PRODUCING BIODIESEL	2003. 09.08	2003757803	OELM?LE LEER CONNEMANN GmbH & Co.
EP	BIODIESEL-FISCHER -TROPSCH HYDROCARBON BLEND	2002. 06.27	2002757697	Sasol Technology (Proprietary) Limited
EP	Cogeneration process using biodiesel as fuel and supplying energy for the production of biodiesel	2002. 04.26	2002447074	Nobeco N.V.
EP	Procedure to obtain biodiesel fuel with improved properties at low temperature	2002. 12.20	2002380270	Industrial Management S.A.
EP	Improved fuel lubricity from blends of a diethanolamine derivative and biodiesel	1999. 01.19	1999300369	ETHYL CORPORATION
EP	ADDITIVE FOR BIODIESEL AND BIOFUEL OILS	1998. 11.18	1998962357	Rohmax Additives GmbH

출원국	발명의 명칭	출원일	출원번호	출원인
UO	Production of biodiesel and glycerin from high free fatty acid feedstocks	2007. 08.14	20070893019	NOVA Biosource Technologies, LLC
UO	Green Biodiesel	2007. 05.29	20070807458	The Penn State Research Foundation
UO	Apparatus and method for producing biodiesel fuel	2007. 04.26	20070789824	-
UO	Devices and Methods for Automated Mobile BioDiesel Production	2007. 04.16	20070735853	-
UO	Fuel Additives	2007. 03.28	20070692914	-
UO	APPARATUS AND METHOD FOR CONTINUOUS PRODUCTION OF BIODIESEL FUEL	2007. 02.20	20070676888	-
UO	BIODIESEL COLD FILTRATION PROCESS	2007 02.01	20070670153	RENEWABLE ENERGY GROUP, LLC
UO	Antioxidant compositions useful in biodiesel and other fatty acid and acid ester compositions	2007. 01.25	20070657961	-
UO	Chemical markers	2007. 01.22	20070656101	-
UO	BIODIESEL FUEL PROCESSING	2007. 01.12	20070622792	-

출원국	발명의 명칭	출원일	출원번호	출원인
UO	Synthesis of Biodiesel Using Alkali Ion Conductive Ceramic Membranes	2007. 01.11	20070622314	-
UO	Stabilized biodiesel fuel compositions	2007. 01.02	20070648329	-
UO	Processes of Producing Biodiesel and Biodiesel Produced Therefrom	2006. 12.21	20060614618	-
UO	Production of biodiesel from triglycerides via a thermal route	2006. 12.14	20060638348	-
UO	CONTINUOUS FLOW BIODIESEL PROCESSOR	2006. 11.27	20060563680	-
UO	Method for manufacture and use of the waste stream from biodiesel production (crude glycerin) as a commercial fuel	2006. 11.17	20060601108	-
UO	Process for making biodiesel from crude tall oil	2006. 11.16	20060600394	-
UO	BIODIESEL FUEL COMPOSITIONS HAVING INCREASED OXIDATIVE STABILITY	2006. 11.15	20060559974	NOVUS INTERNATIONAL INC.
UO	Production of biodiesel from combination of corn (maize) and other feed stocks	2006. 10.31	20060590262	-

출원국	발명의 명칭	출원일	출원번호	출원인
UO	Co-production of biodiesel and an enriched food product from distillers grains	2006. 10.23	20060585364	-
UO	Processor for producing biodiesel from natural fats and oils	2006. 09.12	20060520509	AGR, LLC
UO	Method, apparatus and system for biodiesel production from algae	2006. 08.24	20060510148	SUNSOURCE INDUSTRIES
UO	Closed system bioreactor apparatus	2006. 08.24	20060510442	SUNSOURCE INDUSTRIES
UO	Production of biodiesel and glycerin from high free fatty acid feedstocks	2006. 08.15	20060504828	-
UO	Methods and apparatus for removal of degradation byproducts and contaminants from oil for use in proparation of biodiesel	2006. 08.02	20060498315	Soane Laboratories, LLC
UO	Nucleophilic Acyl Substitutions of Acids or Esters Catalyzed by Oxometallic Complexes, and the Applications in Fabricating Biodiesel	2006. 07.20	20060459007	NATIONAL TAIWAN NORMAL UNIVERSITY
UO	Methods and compositions for dust control and freeze control	2006. 07.20	20060490193	-

출원국	발명의 명칭	출원일	출원번호	출원인
UO	Method of producing biofuels, and related apparatus	2006. 07.05	20060481402	-
UO	Process for the production of biodiesel in continuous mode without catalysts	2006. 06.30	20060477451	Intecnial S/A and Fundacao Regional Integrada
UO	Products comprising corn oil and corn meal obtained from high oil corn	2006. 06.30	20060479293	Renessen LLC
UO	Palm-based biodiesel foundation	2006. 06.09	20060449745	Malaysian Palm Oil Board
UO	Simultaneous synthesis and purification of a fatty acid monoester biodiesel fuel	2006. 06.08	20060449199	-
UO	Process for the production of ethanol from algae	2006. 05.17	20060435992	-
UO	Process for production of biodiesel from high acid feed	2006. 05.10	20060431287	-
UO	Integrated process for the manufacture of biodiesel	2006. 05.05	20060418853	-
UO	Biodiesel production process using vegetal oils or animal fat and induction through microwaves	2006. 04.20	20060407621	-
UO	Method of increasing the oxidation stability of biodiesel	2006. 04.04	20060396472	Degussa AG

출원국	발명의 명칭	출원일	출원번호	출원인
UO	Method to form an animal feed and biodiesel feedstock from Pima cottonseed	2006. 03.23	20060388388	-
UO	Method and apparatus for analysis of relative levels of biodiesel in fuels by near-infrared spectroscopy	2005. 03.23	20050088429	Marathon Ashland Petroleum LLC
UO	Method of increasing the oxidation stability of biodiesel	2006. 03.21	20060384241	Degussa AG
UO	Renewable fuel/lubricant mixture for use in a two-stroke internal combustion engine	2006. 03.13	20060373176	-
UO	Biodiesel additive and method of preparation thereof	2006. 02.27	20060363193	Board of Trustees of MICHIGAN STATE UNIVERSITY
UO	Fatty acid by-products and methods of using same	2006. 02.16	20060355469	-
UO	Low-sulfur diesel fuel and use of fatty acid monoalkyl esters as lubricant improvers for low-sulfur diesel fuels	2006. 01.27	20060341259	Martin Mittelbach
UO	Biodiesel fuel additive	2006. 01.27	20060341294	Oryxe Energy International, Inc.

출원국	발명의 명칭	출원일	출원번호	출원인
UO	Microwave-enhanced process to maximize biodiesel production capacity	2006. 01.26	20060340137	Imperial Petroleum Recovery Corp.
UO	Production of biodiesel from triglycerides via a thermal route	2005. 12.16	20050304658	-
UO	Production of biodiesel	2005. 12.15	20050304996	-
UO	Fuel cell system with integrated fuel processor	2005. 11.28	20050288775	-
UO	Process for producing dichloropropanol from glycerol, the glycerol coming eventually from the conversion of animal fats in the manufacture of biodiesel	2004. 11.18	20040580003	solvay (Societe Anonyme)
UO	Low temperature biodiesel diesel blend	2005. 10.12	20050249717	Flint Hills Resources, L.P.
UO	Biodiesel process	2005. 09.26	20050235673	-
UO	Fuel, composition and method for fueling an engine with the fuel	2005. 09.19	20050229735	-
UO	Method for manufacturing biodiesel	2005. 07.15	20050184652	-
UO	Production system and method	2005. 07.07	20050177197	BioDiesel Industries

출원국	발명의 명칭	출원일	출원번호	출원인
UO	Production of olefins having a functional group	2005.05.25	20050137770	-
UO	Apparatus and process for the refinement of biodiesel fuel	2005.05.20	20050134529	MBP Bioenergy, LLC
UO	Production of biodiesel using expanded gas solvents	2005.05.06	20050123607	Battelle Energy Alliance, LLC
UO	Synthetic and biologically-derived products produced using biomass produced by photobioreactors configured for mitigation of pollutants in flue gases	2005.04.14	20050106695	-
UO	Process for producing biodiesel and the product thereof	2005.03.11	20050077162	-
UO	Blends of synthetic distillate and biodiesel for low nitrogen oxide emissions from diesel engines	2005.03.09	20050076178	ConocoPhillips Company
UO	System for removal of methanol from crude biodiesel fuel	2005.01.31	20050048265	-
UO	Method and system for fueling a power/heat generating unit with plastic material	2005.01.26	20050043793	-

출원국	발명의 명칭	출원일	출원번호	출원인
UO	Cleaner burning diesel fuel	2005. 01.19	20050038286	-
UO	Process for the preparation of fatty acid methyl ester from triglyceride oil by transesterification	2004. 12.23	20040022397	Council of Scientific and Industrial Research
UO	Supercritical diesel fuel composition, combustion process and fuel system	2004. 11.24	20040997272	-
UO	Chemical synthesis method comprising electro-catalytic reaction and apparatus therefor	2004. 11.12	20040987115	-
UO	System and method for extracting energy from agricultural waste	2004. 10.28	20040975050	-
UO	Production of biodiesel and other valuable chemicals from wastewater treatment plant sludges	2004. 10.04	20040956069	-
UO	Purification of biodiesel with adsorbent materials	2004. 10.01	20040956856	-
UO	Continuous production process for ethyl esters (biodiesel)	2004. 09.30	20040953959	-
UO	Product for dust control and freeze control	2004. 09.30	20040955401	-
UO	Method of making alkyl esters using glycerin	2004. 09.29	20040953327	-

출원국	발명의 명칭	출원일	출원번호	출원인
UO	Biodiesel fuel modifying agent, fuel and method related thereto	2004. 09.20	20040570883	-
UO	Blending biodiesel with diesel fuel in cold locations	2004. 08.23	20040924239	Flint Hills Resources, L.P.
UO	Process for non-catalytically producing biodiesel fuel wlthoul yielding by-product	2004. 08.10	20040568066	-
UO	Fuel lubricated sliding mechanism	2004. 08.10	20040914503	NISSAN MOTOR CO., LTD.
UO	High yield bio diesel fuel preparation process	2004. 07.30	20040909212	Farmers Cooperative Elevator Co.
UO	Methods for producing biodiesel	2004. 06.15	20040867627	Carnegie Mellon University
UO	Mobile biodiesel refinery	2004. 06.04	20040862051	-
UO	BIODIESEL MOTOR FULE ADDITIVE COMPOSITION	2004. 06.02	20040709868	POLAR MOLECULAR CORPORATION
UO	Method of making alkyl esters	2004. 04.21	20040828594	Stepan Company
UO	Production of biodiesel and glycerin from high free fatty acid feedstocks	2004. 01.26	20040766740	-
UO	Synthetical method of bioduesek from oils and fats	2004. 01.15	20040549336	-

출원국	발명의 명칭	출원일	출원번호	출원인
UO	Process For Preparing Fatty Acid Alkylesters Using As Biodiesel	2003. 12.30	20030585041	-
UO	Viscosity modification of heavy hydrocarbons	2003. 04.07	20030409697	-
UO	Low viscosity, high carbon yield pitch product	2003. 04.07	20030409658	-
UO	Compositions	2003. 02.19	20030220079	-
UO	Procedure to obtain biodiesel fuel with improved properties at low temperature	2002. 12.23	20020329322	INDUSTRIAL MANAGEMENT, S.A
UO	Process for increasing the storgage stability of biodiesel and the use of 2,4-di-tert-butylhydroxytoluene for increasing the storage stability of biodiesel	2003. 11.07	20030703263	-
UO	Two-stage extraction of soybean oil	2003. 09.30	20030677015	-
UO	Method for improving the long term stability of biodiesel	2003. 09.23	20030537725	-
UO	Method and device for producing biodiesel	2003. 09.08	20030528333	-
UO	Process for producing biodiesel	2003. 07.18	20030621569	PETROLEO BRASILEIRO S.A.-PETROBRAS

출원국	발명의 명칭	출원일	출원번호	출원인
UO	Products comprising corn oil and corn meal obtained from high oil corn	2003. 04.24	20030422295	Renessen LLC
UO	Method for determination of free and combined glycerin in biodiesel	2003. 12.22	20030744272	Stepan Company
UO	Renewable fuel mixture	2003. 12.15	20030738884	-
UO	Process for the preparation of bio-diesel	2003. 11.24	20030718559	Council of Scientific and Industrial Research of Rafi Marg
UO	System and method for extracting energy from agricultural waste	2002. 12.17	20020320744	-
UO	Fuel composition	2002. 09.18	20020169121	-
UO	Continuous flow method and apparatus for making biodiesel fuel	2002. 09.04	20020235065	-
UO	One-stage process for feed and biodiesel and lubricant oil	2002. 08.05	20020211703	Rigel Technology Corporation
UO	Transesterification process for production of biodiesel	2002. 07.19	20020200061	The Board of Regents of the University of Nebraska

출원국	발명의 명칭	출원일	출원번호	출원인
UO	Biodiesel-fischer-tropsch hydrocarbon blend	2002. 06.27	20020482452	-
UO	Production system and method	2002. 03.15	20020098737	BioDiesel Industries. Inc.
UO	Corn oil processing and products comprising corn oil and corn meal obtained from corn	2002. 01.15	20020047725	Renessen, LLC
UO	Biodiesel blended with ethanol additive	2002. 01.14	20020053215	-
UO	Products comprising corn oil and corn meal obtained from high oil corn	2001. 08.10	20010927836	-

5.2 참고자료

1. 지구환경보고서. (2006). 제 4장

2. 지식경제부고시제 2002-109호 제2조

3. 참 유기농업을 지향하는 월간 친환경 2006년 12월호 中
   - 과학특집 바이오디젤 "우리나라의 바이오디젤 개발현황과 전망"

4. 한겨레21. (2006.2.28). 식용유로 달릴 날은 올 것인가. 제596호.

5. 바이오에너지기술연구회 "바이오에너지이용 기술-바이오디젤"

   http://www.bera.or.kr/bio/disel/content.asp

6. 국립환경연구원. (2001). "바이오디젤의 대기오염저감효과"

7. Stephan Friedrich. (2004). "A World wide Review Of The Commercial Production Of Biodiesel"

8. Biofuels Research Advisory Council. (2006). "Biofuels in the European Union"

9. 월간 함께 사는 길, 2006년 10월호 中
   - "독일의 바이오디젤 성공스토리"

10. 이지폴 뉴스. (2007.8.20) "브라질, 세계 첫 자트로파 바이

오디젤 상업화"

11. EBN 뉴스. (2007.8.23) "브라질, 세계 최대 동물성 바이오디젤공장 완공"

    http://www.ebn.co.kr/news/n_view.html?id=302194

12. 주간 중국과학기술. (2006.6.20) "중국의 바이오디젤기술 산업화 추진"

13. KOTRA 무역투자정보포털 글로벌윈도우. (2007.10.30) "미얀마, 바이오디젤 원료 Physic Nut 재배 확대"

    http://www.globalwindow.org/wps/portal/glw/kcxml/04_Sj9SPykssy0xPLMnMz0vM0Y_QjzKLd4w3MgkCSYGYwab6kWhCPiEIoSB9b31fj_zcVP0A_YLc0IhyR0dFAHFkzKk!/delta/base64xml/L3dJdyEvd0ZNQUFzQUMvNElVRS82X0FfMTM5?1=1&workdist=read&id=2039559

14. http://freereport.3see.com/items/2007/10/26/10377.html

15. 이윤우, "초임계유체를 이용한 바이오디젤연료의 제조기술", 화학공학기술정보지 나이스. (2007.12).

16. 이진석, "화학 촉매에 의한 바이오디젤 생산", 화학공학기술정보지 나이스. (2007.12).

17. 이윤우, "초임계유체를 이용한 바이오디젤연료의 제조기술", 화학공학기술정보지 나이스. (2007.12).

18. 윤순진, 아열대 기후변화-한반도 보고서 "기후변화와 기

후불의", 환경정의 소식지.(2007.07)
http://www.eco.or.kr/2006_web/bbs/board.php?bo_table=wooridaum&wr_id=463

19. 무역 · 환경정보 네트워크, "TEN 전문가분석 리포트-바이오 연료의 기술동향 및 해결과제". (2006. 4)
20. 한국해양대학교 바이오디젤 프로젝트 2006.
21. 작물정보센터,
http://crop.nics.go.kr/main.asp?m=8&s1=52&s2=231
22. 농림수산식품부, 농림업 주요 통계(2005).
23. 국립농산물품질관리품목, 경지면적 통계(2005).
24. 김병률, 이명기., 곡물가격 상승과 대응 전략 중 "국제 곡물가격 상승 전망과 국내 농업 파급영향", 한국농촌경제연구소(2007)
25. 에너지관리공단 에너지소비통계 요약(2005).
26. 산업저널, "(기획시리즈)2008년 에너지분야 정책-③ 기후변화협약" 2007.12.3일자
27. "지식경제부, 바이오디젤 중장기 보급 계획 마련"
http://www.autotimes.co.kr/article_view.php?id=28538
28. "에너지 자원과 미래에너지 기술 세미나"(2007)
http://www.easypol.com/paper/news/print.php?newsno=68977
29. 원로과학기술원 http://www.reseat.re.kr

찾아보기

▻ B

BBE ········· 23
BBK ········· 24
BD100 ········· 9, 25
BD20 ········· 11
BD5 ········· 11, 21
BEE ········· 24

▻ C

CAP(공동농업정책 보조금) · 22
CO_2 ········· 125

▻ F

FEE ········· 24

▻ ㄱ

고체 촉매 ········· 71
공해요소 ········· 13
교토의정서 ········· 48
기후변화 ········· 109
기후변화협약 ········· 91
기후환경 ········· 85

▻ ㄷ

독일 ········· 113
독일의 바이오디젤 ········· 16

▻ ㅁ

미국 ········· 25
미얀마 ········· 30

▻ ㅂ

바이오디젤(biodiesel) ········· 3, 4, 6, 8, 10, 11, 54, 68, 69, 123

바이오매스 …… 4, 39, 40, 42, 43, 49, 52, 53
바이오에너지 …… 11, 22
바이오에탄올 …… 48, 85
바이오연료 …… 7, 89, 98
브라질 …… 26, 50, 96

▷ ㅅ

산 촉매 …… 72
석유 대체 에너지 …… 10
수송부문 …… 107
신에너지산업종합개발기구(NEDO) …… 50
신재생에너지 …… 119

▷ ㅇ

알칼리 촉매 …… 55
염기 촉매 …… 71
옥수수 …… 99
온실가스 …… 5, 86, 108
원료 다양화 …… 115
유럽연합 …… 111
유리지방산 …… 62, 63
유채 …… 121
유채 생산계획 …… 93
유채꽃씨유 …… 64
유채유 …… 8
일본 …… 50

▷ ㅈ

자동차공해 …… 13
자트로파 …… 26, 27, 30
중국 …… 28, 52

▷ ㅊ

청정연료 …… 20
초임계 …… 60, 61, 64, 66, 80
초임계 공정 …… 56
초임계 상태 …… 57

▷ ㅍ

팜 …… 97
폐자원 …… 126

▷ ㅎ

화석연료 …… 107
화학촉매 …… 75
환경오염 …… 10
환경정책 …… 118
효소 공정 …… 77

저자약력 : 이석기(李錫基)

· 순천향대학교 화학전공 이학사(1988)
· 순천향대학교 대학원 산업환경보건전공 보건학석사(1994)
· 순천향대학교 대학원 분석화학전공 이학박사(1997)

–현 동일시마즈(주) 연구소 연구소장

바이오디젤 산업 기술

A-JIN

지은이와 협의 인지 생략

인 쇄	2008년 8월 10일
발 행	2008년 8월 15일
저 자	이 석 기
발 행 처	도서출판 아진 135-010 서울특별시 강남구 논현동 148-19 한미빌딩 201호 TEL:02-737-0663 FAX:02-737-0664 Homepage:ajin.to E-mail:kgb@ajin.to
발 행 인	김 근 배
등록번호	제300-1995-56호
I S B N	978-89-5761-254-5 93530

가격 15,000원